TAILLE DES VIGNES

A LA TACHE

SELON L'USAGE DU MÉDOC,

PAR UN PROPRIÉTAIRE DE CETTE CONTRÉE,

MEMBRE CORRESPONDANT DE L'ACADÉMIE DES SCIENCES, BELLES-LETTRES ET ARTS DE BORDEAUX.

[illegible]

BORDEAUX.

IMPRIMERIE DE TH. LAFARGUE, LIBRAIRE,

[illegible]

[illegible]

TRAITÉ

DE LA

TAILLE DES VIGNES

A LA LATTE,

SELON L'USAGE DU MÉDOC;

PAR UN PROPRIÉTAIRE DE CETTE CONTRÉE,

MEMBRE CORRESPONDANT DE L'ACADÉMIE DES SCIENCES, BELLES-LETTRES ET ARTS DE BORDEAUX.

BORDEAUX.

IMPRIMERIE DE TH. LAFARGUE, LIBRAIRE,

RUE PUITS DE BAGNE-CAP, 8.

1849.

TRAITÉ

DE LA

TAILLE DES VIGNES

A LA LATTE,

SELON L'USAGE DU MÉDOC[1].

La taille de la vigne est l'opération principale et le fondement de sa culture. Si on ne la taillait pas, elle s'allongerait excessivement pendant les premières années, puis, elle s'épuiserait bientôt, et ne donnerait pas de fruit, du moins dans les terrains maigres; ou si elle en

[1] *Nota.* — Le Comice agricole de Lesparre ayant, depuis quelques années, décerné des primes d'encouragement aux vignerons qui taillaient le mieux la vigne, il était à désirer qu'on eût un traité qui servît de guide, et aux vignerons et aux membres du Jury qui distribue ces récompenses, dont les membres, quoique fort habiles n'ont pas toujours la même méthode. C'est ce qui a déterminé l'auteur à publier ce petit traité.

Les principes qui y sont développés s'appliquent principalement aux cépages les plus répandus, c'est-à-dire, aux Cabernets : néanmoins, l'auteur a eu soin d'expliquer les différences que présentent les autres espèces qu'on rencontre dans divers vignobles, c'est-à-dire au Malbeck, au Merlau et au Verdot. Mais il croit devoir prévenir qu'il a toujours eu les Cabernets en vue, dans tout ce qui n'est pas particulier à ces derniers cépages.

produisait, ce ne serait que de petites grappes d'une maturité incomplète et dont le vin serait certainement fort mauvais.

Lorsqu'on taille la vigne trop court, elle jette par la souche une quantité de branches inutiles, ou s'il n'en vient qu'un petit nombre, elles deviennent trop vigoureuses et ne produisent que peu de fruit, et souvent pas du tout; dans le cas même où elles en donnent, on n'en obtient qu'une partie de la récolte que le cep pourrait offrir. Taillée trop longue, la vigne est bien vite épuisée; tandis qu'avec une taille bien entendue, on lui fait produire beaucoup plus de fruits, et des raisins plus beaux et plus parfaits.

C'est donc l'art de la taille qui constitue principalement celui du vigneron. C'est cette opération qui doit être le but de ses études et de ses observations; et, il faut le dire, c'est le point que les écrivains œnologues ont le moins approfondi, et qui est le plus livré aux idées individuelles et aux usages.

On taille dans chaque lieu selon la méthode adoptée, sans en apprécier les effets et les résultats, et la plupart des vignerons ne connaissent rien de plus que les pratiques de leur village.

Je suis loin de prétendre qu'ils manquent d'intelligence; je pense au contraire qu'il faut qu'ils en aient beaucoup pour faire aussi bien qu'ils font; je dis seulement qu'ils manquent de règles et de principes, et que lorsqu'un homme est livré à ses propres idées, il est rare qu'il ne commette pas de fautes.

Il serait donc de la plus grande utilité, qu'il y eût, dans les communes où la vigne est cultivée, des écoles pour apprendre la taille, sa théorie et ses pratiques; de manière à former au moins des maîtres vignerons assez instruits pour former à leur tour et diriger les autres.

En l'absence de ces écoles et de traités suffisants et précis sur cette matière, nous allons essayer d'y suppléer, et d'exposer au moins notre méthode.

Il est reconnu que la manière de tailler la vigne doit varier dans chaque terrain, selon sa fécondité, selon qu'il est plus humide ou plus sec, plus bas ou plus élevé.

Qu'elle doit aussi être modifiée, pour chaque race ou espèce, quelquefois même suivant le but qu'on se propose et la destination de la récolte, ainsi que selon la méthode dont la vigne doit être cultivée.

On peut néanmoins réduire tous les genres de taille à deux principaux, la taille à *longues astes,* et la taille à *court bois,* appelée *taille à cot* dans la Gironde.

La première est adoptée dans le Médoc et dans plusieurs contrées du midi de la France; la seconde est plus répandue dans le centre et le Nord.

M. le Cte Odart donne la préférence à la taille à court bois; il affirme que par cette méthode on obtient du vin de meilleure qualité, et il dit que « plus on allonge la » taille, plus la récolte est abondante, mais plus le vin » perd de sa qualité. »

Je suis fâché de ne pouvoir admettre le principe dans sa généralité, tel qu'il est posé, et je pense qu'il éprouve de nombreuses modifications dans plusieurs espèces de vignes.

Il en est qui ne donnent presque rien taillées à court bois; n'est-on pas obligé de les tailler à astes longues, si cette taille leur convient mieux? et dire que le vin en serait meilleur si elles ne produisaient presque rien, serait au moins fort hasardé.

On a essayé dans le Médoc de tailler le *cabernet* à court

bois, et le vin n'en avait pas plus de perfection que s'il avait été taillé à astes longues. Tout au contraire, le raisin était petit ou mal nourri. D'un autre côté, dire qu'à longues astes les raisins mûrissent mal, qu'ils sont sujets à la brouissure ou gelée cela peut arriver dans des terrains froids et humides, mais cela n'est pas général.

Ainsi donc, il n'y a pas de principe absolu : et M. le Cte Odart le reconnaît lui-même, puis qu'il avoue que si le Pineau de Vouvrai a besoin d'être taillé à cots fort courts, le Pendoulau du Jura, le Surin ou Fié des Poitevins, le Sauvignon du Bordelais, ont besoin de verges ou courgées. Ne semble-t-il pas qu'il ait voulu montrer lui-même combien son principe était mobile et variable?

Il est bien vrai que si l'on fait les astes ou courgées trop longues, que le pied soit trop chargé, il ne pourra pas mûrir tous ses raisins, et qu'alors ceux-ci seront moins bons; mais cela proviendra de l'excès de charge qu'on aura donné aux ceps; tandis que si l'aste ou verge est coupée ou déchargée de ses boutons en proportion de la force du pied, les raisins y seront tout aussi parfaits que si l'on taillait à court bois, et même meilleurs dans plusieurs circonstances.

Pour nous qui ne voulons voir que notre contrée, nous dirons que pour les six cépages que nous cultivons principalement (1), la taille à astes longues, est très-convenable et qu'elle est suivie avec raison, parce qu'avec les astes ils produisent beaucoup plus, et donnent du raisin tout aussi bon qu'à cot, ce qui nous est démontré par des faits. Si donc on adopte la taille à court bois, ce n'est peut-être que par des motifs d'économie et

---

(1) Le *Cabernet gros*, le *Cabernet sauvignon*, la *Carmenère* ou *Cabernelle*, le *Merlau*, le *Malbeck* ou *Côte-rouge*, le *Verdot*.

de convenance, et pour certaines espèces seulement, auxquelles cette manière de tailler peut convenir mieux qu'aux autres.

Pour traiter ce qui concerne la taille avec méthode, nous diviserons ce traité en cinq articles; le premier sera consacré à des observations préalables ; le deuxième, aux principes généraux ; le troisième, aux règles particulières; le quatrième, aux différences que nécessite chaque cépage ; le cinquième, à la taille à cot ou à court bois.

ARTICLE 1er.

OBSERVATIONS PRÉALABLES A LA TAILLE.

Avant de s'occuper des principes de la taille, il convient d'examiner quelques-unes des questions que cette opération soulève.

La première est celle qui est relative à l'époque où l'on doit tailler.

On taille presque tous les arbres au printemps, au moment où les bourgeons vont grossir. Il paraîtrait naturel de choisir ce même moment pour la vigne ; mais son bois est si poreux et sa sève si abondante, que si vous lui faites une incision lorsque cette sève est en mouvement, elle s'écoule par les blessures. Cette perte doit naturellement affaiblir le pied.

Cela a lieu si vous taillez votre vigne aussitôt après les vendanges, avant que la feuille soit tout-à-fait tombée, vous la verrez pleurer, alors, comme si vous ne la tailliez que dans le printemps.

Dans le premier cas, il est donc trop tôt, dans le second, il est trop tard ; car cette perte de la sève doit être évitée.

Ainsi, la nature vous indique elle-même l'époque où vous devez tailler; elle s'étend à peu près, cette époque, depuis le mois de Novembre, jusqu'à la fin de Mars : c'est-à-dire, qu'elle comprend la durée de quatre à cinq mois.

Durant ce temps, il est un moment où les grands froids se font ressentir, et où l'on comprend que l'on ne peut procéder à la taille; il s'agit de savoir s'il vaut mieux tailler avant les froids, que lorsqu'ils ont cessé de se faire sentir.

Nous croyons pouvoir soutenir que dans notre climat il est infiniment préférable de tailler les vignes dès l'automne, non-seulement cela est commandé par la succession des autres opérations de la culture, à savoir le garnissage des bois et le liage qui doivent être achevés avant que les bourgeons ne grossissent, mais aussi pour le plus grand avantage de la vigne. N'est-il pas évident en effet, que le bois de la vigne, si peu compacte qu'il laisse échapper sa sève lorsque ses blessures sont toutes récentes, ne la perdra plus si les coupures sont plus anciennes, surtout si les froids sont venus contracter ce bois et oblitérer ses vaisseaux séveux? C'est ce qui arrive constamment : on ne voit jamais pleurer une vigne taillée avant les gelées, tandis que celle qu'on n'a taillée qu'après, perd beaucoup de cette liqueur précieuse.

On pourrait croire que la vigne taillée est plus susceptible d'éprouver les effets d'une forte gelée, que si elle restait intacte; parce que dans ce cas, l'air glacé pénétrerait par la moëlle qui est à découvert, par les grandes entrées, comme le dit Olivier de Serres.

Cette crainte serait exagérée. Cela peut avoir lieu dans des climats plus froids, mais ne se voit même qu'à une très-basse température; la vigne supporte fort bien jusqu'à 10 et même 12 degrés de froid au-dessous de zéro, sans en être affectée, même lorsqu'elle est taillée. Ce n'est donc que dans les départements où le thermomètre descend souvent au-dessous qu'on aurait à redouter les effets d'une froidure excessive ; encore n'est-il pas bien prouvé que la vigne taillée en souffrît plus que celle qui ne l'est pas.

Dans le département de la Gironde on peut donc tailler avant les gelées sans aucun danger : aussi, dans le Médoc, est-on dans l'habitude de tailler dès les premiers jours de Novembre, et d'achever avant la fin de Décembre, et cela est aussi conforme à la raison qu'à la suite des travaux de culture, qui exigent qu'on ait fini à cette dernière époque.

Pourquoi donc voit-on parfois reculer le moment de la taille?... Ce n'est pas qu'on redoute l'effet de la gelée sur le bois, c'est pour éviter la destruction des pousses par celles qui surviennent au printemps. Aussi, loin de se conduire d'après les principes que nous venons d'indiquer, et d'éviter la perte de la sève, quelques viticulteurs conseillent d'attendre, pour tailler, les jours chauds du printemps, précisément afin que la sève se perdant par les blessures, la pousse de la vigne en soit retardée.

Sans discuter les avantages que cet usage peut procurer dans certains lieux, nous dirons seulement, qu'il est fort rare qu'on puisse par ce moyen préserver les jeunes flages de la vigne, que le plus souvent, ce remède est inefficace. Tandis que la perte de la sève est un mal réel et de tous les ans, qu'il nuit à la vigueur du pied de vigne, qu'il cause un retard dans toute sa croissance, dans la maturité du fruit : ce qui peut déterminer dans l'automne d'autres pertes souvent plus graves, que celles qu'on a voulu prévenir.

Quoiqu'il en soit, c'est le climat, la nature et l'exposition du terrain, qui doivent décider cette question, plus intéressante dans les terres froides et humides, que dans le sol graveleux et sec du Médoc.

Cela suffit pour faire voir qu'on a raison de tailler dès l'automne, d'autant que dans cette contrée les gelées du printemps sont fort peu redoutables, et ne se font sentir que dans quelques parcelles et dans les bas-fonds.

Mais on tombe souvent dans l'excès contraire, et la précipitation va quelquefois trop loin; puisque on voit tailler des vignes avant la chute des feuilles, et aussitôt après les vendanges.

On doit réprimer cette impatience excessive; car si la vigne pleure, c'est encore de la sève perdue. D'ailleurs ne penserait-on pas que les bourgeons ont besoin de cet effort final de la végétation qui va s'éteindre, pour parvenir à leur entier accroissement? et n'est-il pas plus sage d'attendre que ce dernier mouvement de la sève ait cessé?

Nous ajouterons que souvent le vigneron, en supprimant les feuilles comme il est obligé de le faire, coupe l'œil, ou tout au moins peut l'endommager et le faire avorter : danger qu'il ne court plus quand les feuilles sont tombées.

C'est donc après leur chute, qu'un vigneron sage et prudent, fera commencer la taille : c'est le meilleur moment de s'y livrer.

Maintenant que nous sommes fixés sur le moment où il convient de commencer la taille, voyons comment il faut y procéder.

Et d'abord quel est l'instrument dont il est préférable de se servir? Est-ce le sécateur ou la serpe. En Médoc on se sert de la serpe; quelques auteurs ont vanté le sécateur comme offrant un grand perfectionnement, la

Nouvelle Maison rustique dit même que c'est une heureuse innovation. Il est bon de discuter ce point essentiel de pratique.

Le sécateur est, il est vrai, devenu l'instrument à la mode, il est adopté par presque tous les jardiniers, les dames même ne dédaignent pas de s'en servir pour émonder leurs arbustes. Il est léger à la main et d'un maniement assez commode; en outre, il est bien plus expéditif que la serpe.

Malgré cela, si nous voulons raisonner sérieusement sur l'emploi de l'un et de l'autre, nous reconnaîtrons d'abord que le sécateur ne peut servir que pour couper de jeunes branches, tout au plus âgées de deux ou trois ans; mais que, lorsqu'il s'agit d'enlever du bois vieux dur, cet outil n'est pas assez fort, qu'il n'est même pas assez large pour qu'il soit possible de placer une grosse branche entre ses deux lames.

En outre, le sécateur ne coupe le bois que carrément, et nous verrons qu'il est utile souvent de le couper en biais ou en bec de flûte.

D'ailleurs, comment raser une coupure, comment y revenir, et enlever une très-faible épaisseur de bois? Comment arrondir la surface de la branche, pour suivre les plis et les coudes d'un bras tordu? Avec des ciseaux tout cela est impossible, il faudrait renoncer à ces perfections de détail.

Ce n'est pas tout, un des accidents qui résultent le plus fréquemment de l'emploi du sécateur, c'est qu'en admettant que les amputations qu'on fait avec cet instrument soient sans reproche, quand il est nouvellement aiguisé et affilé, il n'en est plus de même lorsqu'il commence à s'émousser; car alors il comprime la branche avant de la couper, et il arrive souvent qu'elle se fend avant de céder sous le tranchant, et cette fente suffit pour faire avorter le bouton qui en est rapproché.

Laissons donc aux jardiniers et aux vignerons qui taillent à court bois, leur prédilection pour le sécateur; pour nous qui ne pourrions nous en servir qu'en le faisant suivre d'une serpe ou d'une scie et qui cherchons moins à faire vite qu'à bien faire, conservons notre serpe, qui seule convient à tout. Le sécateur pourra nous servir pour épamprer, pour effeuiller, et pour divers autres ouvrages, mais non pas pour tailler.

La serpe dont nous nous servons est un instrument trop connu pour qu'il soit besoin d'en donner une explication minutieuse : nous dirons seulement qu'elle est petite, tout au plus de 14 centimètres de long (5 pouces et demi), assez épaisse sur le dos pour pouvoir y appliquer l'intérieur de la main sans se blesser. Je joins ici la figure de celle qui m'a paru la plus commode (1).

(1) Il convient de faire observer ici que la serpe dont il s'agit est à très-peu de chose près, et peut-être complètement, la

Après avoir parlé de l'instrument dont on se sert, il est naturel de dire un mot sur la manière dont on doit s'en servir, et dont on fait les coupures et la taille.

Comme les vignes basses ont besoin d'être fréquemment ravalées et raccourcies, il est très-important que les larges blessures qui en résultent soient bien cicatrisées, et pour cela, elles doivent être faites avec toute la perfection possible.

Lorsqu'on coupe une jeune branche, l'écorce a bientôt recouvert la plaie.

Mais lorsqu'on tranche un vieux bras ou de vieux ceps, il n'en est pas de même, le bois étant beaucoup plus gros. S'il n'est pas coupé de manière à ce que la sève montante des racines à la branche laissée, puisse nourrir tout ce bois, il en reste une portion qui ne reçoit plus de vie; cette portion se dessèche bientôt, après quoi elle se pourrit, l'écorce ne la recouvre jamais, et une fois la carie et la pourriture établies, elle gagne de proche en proche, et descendant progressivement elle attaque tout le pied, le corrode et le détruit. C'est par suite de ces coupures mal faites, que l'on voit tant de pieds de vignes entièrement creux et qui ne poussent que par une faible partie d'écorce.

On avait autrefois l'habitude de couper la vigne carrément, et en faisant un angle droit, et c'est de cette manière qu'on le pratique en bien des endroits; on a reconnu les vices de cette méthode, et c'est pour cela

---

même que celle dont faisaient usage les vignerons Romains et que décrit Columelle (L. IV, ch. XXV).

On voit par là combien sont anciennes les methodes de culture de vigne que nous appliquons, et combien déjà, au temps de Columelle, sous l'empereur Claude, ces méthodes avaient été perfectionnées.

qu'on en est venu à couper le vieux bois en biais ou en biseau, en suivant autant que possible la ligne que parcourt la sève ascendante.

Pour les jeunes branches, cela est facile; mais pour les vieux membres tordus, il y a plus de difficulté. Dans ces cas-là, il est souvent nécessaire d'abattre le bord extérieur de la coupure et de suivre la courbure du bois, afin de ne pas trop affamer la branche et de laisser le moins possible de bois saillant ou de *talon* comme disent nos vignerons : c'est ce qu'ils expriment par le mot *détalonner*.

Ceci est tout opposé aux habitudes des jardiniers, et même de plusieurs vignerons qui mettent leur amour-propre à faire la tranche bien ronde, mais c'est un amour-propre mal placé. Ils feront mieux d'allonger la coupure en forme d'ovale que de la faire ronde.

Malgré ces précautions, et quelque attention que l'on mette à trancher ces vieilles souches avec toute la perfection désirable, on doit convenir que bien souvent, le mal qu'on cherche à prévenir les atteint : l'on est obligé de trancher si souvent la vigne, que ces coupures sont une cause de destruction. C'est un motif très-puissant pour déterminer les vignerons à ne pas attendre que les pieds soient trop vieux pour les ravaler; parce que tant que le bois est jeune et sain, les coupures se recouvrent d'écorce et se guérissent, tandis que s'il est trop vieux, cela n'arrive plus.

Ce mal est si grave qu'on ne peut trop chercher à y porter remède. Il est néanmoins un remède que je crois pouvoïr recommander : c'est l'application de l'onguent de Saint-Fiâcre.

Cet onguent composé d'argile et de fiente de bœufs, produit un excellent effet : les jardiniers l'emploient pour les arbres fruitiers, tous les agriculteurs le préconisent, il sert à mettre la moëlle et l'extrémité des vaisseaux séveux qu'on a coupés, à l'abri du froid et de l'air; il donne plus d'activité à la sève; il favorise la croissance de l'écorce, enfin il sert de couverture à la plaie, et agit mécaniquement pour la garantir de l'eau pluviale qui occasionne la pourriture de la souche.

M. le comte Odart que je cite toujours avec un nouveau plaisir, donne la recette d'un onguent de ce genre qu'il emploie pour mettre sur les greffes et qui paraît devoir être préféré, pour les coupures, à l'onguent de Saint-Fiâcre. Le voici :

On met dans un pot deux ou trois poignées de suie passée au tamis, un peu de fiente de vâche; on délaie avec du jus de fumier, et on y ajoute un ou deux décilitres d'huile empyreumatique.

Je voudrais qu'il fût possible de mettre l'un ou l'autre de ces onguents, toutes les fois qu'on coupe un gros membre, et je n'hésite pas à dire que tous les vignerons qui s'en serviront auront lieu de s'en féliciter; mais il est difficile de le faire en grand, il faudrait ou payer les vignerons à part et en sus de la taille, ou en charger un autre homme qui passerait derrière les vignerons et garnirait ainsi les grosses amputations, On conserverait par là bien des pieds, et on rendrait la vigueur à beaucoup d'autres, qui languissent pendant de longues années par suite de ces grosses blessures et de la pourriture qu'elles occasionnent; nous ne saurions trop insister pour cela, d'autant qu'on peut attendre pour le faire que la taille soit finie.

Après ces observations générales, passons à celles que doit faire le vigneron avant d'attaquer un pied de vigne. Elles sont relatives au terrain, au cépage, et surtout à la manière dont il a été taillé l'année précédente.

Le vigneron devra se rendre compte du degré de fertilité du sol ; il chargera davantage la vigne dans un fond riche et fécond, que dans celui qui est maigre et stérile.

Il fera surtout attention à ces inégalités qui se présentent dans les pièces de vigne d'une certaine étendue. Là il se rencontre souvent des places où la vigne languit et souffre, d'autres où elle est plus vivace.

Relativement aux cépages, ses observations ne sont pas moins importantes, s'il est vrai, et pas un vigneron ne le contestera, que chaque espèce doit être taillée d'une façon différente. On est donc forcé de convenir qu'il y a nécessité pour celui qui va tailler un cep de savoir quelle est l'espèce qu'il a sous les yeux : c'est la première chose à connaître.

Une longue pratique peut seule donner ce coup-d'œil sûr qui ne permet aucune méprise ; car à l'époque où l'on taille la vigne, elle ne présente qu'un bois dépouillé de ses feuilles, et l'homme qui n'y est pas accoutumé depuis son enfance, ne parviendra que bien difficilement à saisir les différences, presque imperceptibles, qui font reconnaître ces divers bois, encore faut-il qu'on se borne à un certain nombre d'espèces. C'est pour cela qu'il est si avantageux d'avoir des pièces entières plantées d'un seul et même cépage, les méprises alors sont impossibles, tandis qu'elles sont fréquentes lorsque diverses races sont mêlées dans la même plantation : le vigneron doit être bien sûr de lui, pour ne pas prendre alors une espèce pour une autre.

Enfin, le vigneron devra se rendre compte de la force végétative du pied qu'il va tailler, et surtout de sa vigueur relativement à la taille qu'on lui a fait subir l'année précédente : c'est-à-dire juger s'il a été taillé en proportion de cette vigueur, s'il a été trop chargé, ou bien s'il ne l'a pas été assez. C'est la connaissance essentielle, celle qui constitue réellement le vigneron habile, et qui seule remplace peut-être toutes les autres.

Elle ne s'acquiert que par de longues observations et une longue pratique : c'est le point fondamental sans lequel un homme ne sera jamais bon vigneron.

Dans la taille à court bois, cette connaissance est moins nécessaire, parce que les espèces qu'on taille ainsi donnent presque autant de raisins sur les jets venus de la souche, que sur les autres, et que dans cette taille, on ne court jamais le danger de trop charger un pied.

Mais dans la taille à longues astes, il n'en est pas ainsi : un pied trop chargé languit et décline bien vite, et si dans la première année il produit plus de fruit, son raisin risque de ne pas bien mûrir : il y a donc double inconvénient.

Si on le taille trop court au contraire et qu'il ne conserve pas assez de boutons pour utiliser toute sa sève, on se prive d'une certaine quantité de fruits qu'il aurait pu donner ; il arrive même quelquefois qu'il n'en produit pas du tout ou que ceux qui avaient paru dans le principe s'écoulent et disparaissent par la coulure à cause de la surabondance de la sève.

La perfection est donc d'arriver au point précis, quoiqu'il y ait moins de danger à charger moins, qu'à charger trop.

Pour cela, il suffit de pouvoir juger si le cep a été bien taillé pendant l'année précédente : voici à quels signes on le reconnaîtra.

Lorsqu'on verra des bourgeons avortés qui n'ont produit que de petites branches mortes, incomplètement développées non *aoûtées*, comme le disent les jardiniers, on devra regarder comme certain que le pied a été trop chargé à la taille, et qu'on lui aura laissé trop de bour-

Au contraire, quand chaque œil aura poussé deux jets, quand il sera survenu sur le tronc des branches longues et fortes, que le fruit aura avorté, on devra regarder comme certain que le pied aura été taillé trop court.

Cependant il y a une distinction à faire entre les divers cépages, et en particulier entre les six que nous avons indiqués.

On a remarqué que les trois premiers ne produisent des jets près de terre que lorsqu'ils sont maigres et débiles. Cela provient évidemment de ce que la sève ayant alors peu de force, ne peut monter jusqu'à l'extrémité des branches, et se crée une issue plus rapprochée du collet des racines.

Pour les autres races, il est un autre cas où la vigne pousse par le bas du tronc, c'est celui où la sève étant trop abondante ne trouve pas dans les boutons qu'on a laissés assez d'issues, alors elle force l'écorce du vieux bois pour s'en former de nouvelles, ainsi que le mentionne Olivier de Serres, dans son style original et expressif :

« En cela, dit-il, ne pourrez être déçu, car voyant » votre cep jetter des rameaux par côté de sa tige sortant » d'endroits endurcis du tronc, monstrera ne se conten- » ter des issues que lui avez données par les têtes ; car » abondant en humeur, est contraint de se vider en cre- » vant, ainsi que la fontaine son eau, pour n'avoir des » canaux, proportionnés à son abondance, comme au » contraire faisant par les têtes jettons petits, leur bois » demeuré court et languis, se plaint de sa trop grande » charge ».

Cela paraît fort clair. Cependant malgré toute notre déférence pour ce premier maître des vignerons français, nous devons observer que toutes les vignes qui jettent des rameaux par côté de la tige, ne sont pas pour cela trop chargées : cela dépend des races. Car le verdot particulièrement, en donne beaucoup, même quand on lui a laissé assez de boutons : il faut connaître en cela comme en tout, la manière de pousser et de végéter de chaque cépage.

Toutefois, on peut dire que cette règle s'applique à la plupart des espèces, autres que les cabernets.

Quoiqu'il en soit, les astes à vin laissées l'année précédente, ne permettent à cet égard aucun doute ; car dans le cas où le pied a été trop chargé, elles sont faibles, et languissantes, tandis que dans le cas inverse, elles sont d'une force et d'une longueur excessives.

C'est toujours le meilleur indice, et c'est par là qu'on peut principalement juger de la force d'un pied de vigne et s'il a été trop chargé ou pas assez.

Ces indications presque toujours certaines doivent cependant éprouver quelques modifications, d'après les années qui ne sont pas toutes semblables pour la végétation.

Quand l'Été s'est composé d'une longue suite de jours secs et brûlants, la vigne pousse faiblement, le bois reste mince et chétif.

Au contraire, dans les années pluvieuses où la sève n'a pas été arrêtée avant la fin de l'automne, la croissance du bois s'est prolongée, il est bien plus long et plus vigoureux.

On serait, dans ce cas, tenté de charger davantage à la taille, mais ce serait une faute. On doit dans ces circonstances agir avec une grande prudence, et ne pas se laisser éblouir par cette vigueur apparente. Ce beau bois n'est produit que par une surexcitation momentanée, et ne dénote pas une force constante et réelle.

On fera sagement tout en profitant de ce beau bois, de ménager encore la taille ; c'est une faute très-commune de trop charger la vigne après de pareilles années. Ce

2

n'est pas dans ce cas qu'on peut lui laisser plus d'issues, mais plutôt après une récolte chétive et médiocre. Le fruit épuise réellement la vigne ; après une abondance, on devra donc la tailler un peu plus court, et après une année disetteuse un peu plus long, sans se préoccuper autant de la vigueur du bois ; quoiqu'il arrive assez souvent que les deux circonstances coïncident, parce que dans les années chaudes il y a de bon fruit, et peu de bois, tandis que dans celles qui sont humides, il y a ordinairement de mauvais fruit et du bois vigoureux.

Ces observations sont générales et s'appliquent à tous les pieds. Il en est de particulières à chacun.

Si l'on rencontre au milieu d'une pièce de vigne de force médiocre, un ou plusieurs pieds présentant plus de vigueur que les autres, on devra penser que ces pieds ont réellement plus de force que les autres, puisqu'à des conditions égales, ils ont une croissance plus vive : on les chargera donc davantage.

Tout comme dans le cas inverse, s'il s'en rencontre de plus faibles, on supprimera des boutons, on taillera les astes plus courtes ; enfin on les déchargera.

Mais, dans cette dernière hypothèse, on n'en supprime pas assez, et l'on croit souvent les tailler trop courts, lorsqu'on les charge encore trop ; la différence doit être bien plus grande qu'on ne le croit communément, et souvent un pied vigoureux, supportera fort bien une charge de vingt boutons, lorsqu'un pied faible en aura trop de quatre.

Après ces règles fondamentales, parlerons-nous de quelques cas particuliers, cela paraîtra minutieux.

Cependant, il est indispensable que le vigneron avant d'asseoir la taille sur une branche, s'assure qu'elle est bien soudée, et que sa jonction avec le tronc est parfaite, surtout si elle est venue sur la vieille écorce, à laquelle elles tiennent souvent d'une façon fort incomplète, de sorte qu'elles cassent au moindre accident. Il verra ensuite si le pied n'est pas dégénéré comme on en rencontre plusieurs; les pieds qui ont une dégénérescence, sont parfois séduisants ; ils poussent des branches magnifiques, mais ce n'est qu'une illusion trompeuse, ils ne donnent jamais de fruits.

Dans ce cas, n'hésitez pas à les détruire, et à les remplacer par d'autres, surtout ne les provignez pas, comme le font les ignorants. Vous les reconnaîtrez aux sous-rameaux qu'ils produisent en abondance, ainsi qu'aux feuilles sensiblement plus larges et plus foncées que les autres ; enfin, à l'absence totale des pédoncules des raisins (1).

Telles sont les recommandations que nous croyons pouvoir faire aux vignerons qui se disposent à tailler la vigne.

Ainsi fixés sur ces premières règles, nous allons nous occuper plus spécialement du système particulier au Médoc, et de la taille qui y est usitée. Ce que nous en dirons, s'appliquera principalement aux Cabernets qui y

---

(1) Relativement aux provins, nous devons aussi prévenir le vigneron que non-seulement il devra conserver les branches nécessaires à cet usage, mais même qu'il devra ménager beaucoup plus les pieds auxquels il emprunte un provin ou sautelle. La branche qu'on met en terre n'en est pas moins une grande charge pour le cep qui doit la nourrir; et, quoiqu'on ait soin d'y mettre un peu d'engrais, cette surcharge doit être compensée par une réduction sur la taille. On fera toujours sagement de diminuer le nombre des boutons poussants, même ceux des astes à vin. C'est le moyen de ne pas affaiblir les pieds, et cette réduction doit se faire non-seulement à la première année, mais pendant deux ou trois ans. Combien de pieds sont morts parce que le vigneron n'a pas fait cette observation et a taillé à l'ordinaire un pied de vigne chargé d'un provin ?

sont les plus répandus et dont la végétation s'écarte un peu des autres races cultivées : nous réservant d'expliquer dans un article spécial les différences qui doivent exister dans la taille des autres cépages.

ARTICLE II.

PRINCIPES GÉNÉRAUX DE LA TAILLE.

Lorsque la vigne est cultivée à bras d'homme, la taille présente bien moins de difficulté, que lorsqu'elle est destinée au labourage. Comme il est assez indifférent dans ce premier cas, que les branches se dirigent dans un sens ou dans un autre, et que le pied soit plus ou moins élevé, il suffit de connaître la longueur qu'on doit donner à l'aste à vin ; car la seule règle, en quelque sorte, que le vigneron soit obligé de suivre, c'est de charger les ceps en proportion de leur force, les dispositions de détail étant à peu près indifférentes à l'avenir de ces mêmes ceps.

Mais pour tailler à astes pliantes, les vignes qu'on doit labourer, cela ne suffirait pas, il faut des connaissances plus positives, et surtout plus de prévoyance ; car le vigneron doit pouvoir se rendre compte de la manière dont le pied de vigne poussera à la seconde et même souvent à la troisième année.

D'après cette méthode, les vignes doivent être rigoureusement soumises à une longueur déterminée, la ligne des lattes sur lesquelles on doit les attacher, étant établie à 40 centimètres du sol, les bras de chaque cep ne doivent pas s'élever plus haut.

En outre, on ne peut conserver que les jets qui sont dans la ligne de l'espalier, et en long, l'araire enlèverait tous les autres.

D'après cela, il y a deux règles fondamentales à observer : la première, de ne pas permettre à la vigne de s'élever ; la seconde, de ne laisser aucune branche qui s'éloigne du cep, et vienne en travers du sillon.

Pour arriver au premier but, il suffit de raccourcir les bras à mesure qu'ils s'allongent, chaque pied devant en présenter deux offrant chacun une aste à vin précisément à la hauteur de la latte à laquelle on l'attache par deux liens, placés l'un à son origine et l'autre à son extrémité, de manière à en former un arc ; on est donc forcé de ravaler les bras, quand ils sont trop longs ou trop hauts.

Dans la plupart des races, on rabat ainsi la vigne sur la première branche sortie du tronc ; mais dans plusieurs autres, on risquerait de perdre une partie de la récolte ; car les branches sorties de la vieille souche ne donneraient pas de fruit. C'est pour cela qu'on laisse un tronçon de branche coupé à un ou deux yeux, appelé *cot* en Médoc, et ailleurs *not* ou *niquet;* lequel produira une branche qui, venue sur le bois nouveau sera propre à donner du fruit. Ce ne sera donc que lorsqu'on aura une branche de cette espèce, qu'on pourra supprimer un bras ou le ravaler sans compromettre la production du cep.

Ce procédé doit être appliqué alternativement à chacun des deux bras que présente un pied de vigne, afin de pouvoir les lui couper périodiquement, nous verrons qu'il est des races qu'il faut recouper plus souvent que les autres.

Il suit de là, qu'il faut ménager à l'avance un cot sur chaque bras, afin de pouvoir renouveler ceux existants déjà quand cela sera nécessaire.

Pour qu'un pied de vigne soit bien établi, il convient qu'il présente les dispositions suivantes :

1.° Deux bras ouverts près de terre portant l'un et l'autre une aste à vin placée à la hauteur de la latte.

2.° Un cot ou niquet sur chaque bras ou au moins sur l'un des deux ou bien un cot d'un coté et une jeune branche venue sur un cot de l'autre.

C'est cette dernière disposition, que nous devrons toujours rechercher et qui constitue le pied que nous appellerons *normal*.

Etabli de cette manière, un pied vous offrira toujours des ressources pour couper d'abord un membre, puis l'autre quelques années plus tard.

Mais tous les pieds ne peuvent être absolument les mêmes, car évidemment dans l'année où vous aurez abattu un bras, il n'y aura plus qu'une branche de ce côté, il faudra attendre encore quelque temps avant d'y laisser un nouveau cot.

Puis le second bras sur lequel vous aviez laissé un cot, vous offrira l'année suivante une bonne branche que vous disposerez de façon à pouvoir couper le second bras un peu plus tard, alors le premier bras présentera à son tour un autre cot et le pied sera ramené à l'état que j'ai appellé *normal*. Il aura de nouveau un cot d'un côté et une aste droite de l'autre, mais sur des bras différents.

On voit, par ces explications, que dans la position la plus ordinaire, les ceps ont deux astes pliées et une aste droite appelée dans le pays *tiret*; que cependant il arrive souvent qu'ils n'ont que deux astes, et même le plus souvent dans les terres ordinaires, peu productives, ils ne devront avoir que deux astes et un cot. Que, d'autre part, un pied vigoureux, pourra fréquemment conserver deux branches droites ou tirets, parce qu'il est inutile de se presser à ravaler les bras, et qu'on pourra sans l'affaiblir, laisser subsister les quatre astes; c'est la fécondité du sol et la vigueur du cep qui doivent déterminer le vigneron, et s'il juge bien de la force du pied, relativement à la taille de l'année précédente, d'après les principes que nous avons posés, il ne risquera jamais de lui donner trop de charge.

Nous avions d'abord pensé que cet exposé suffirait et que les principes que nous venons de donner guideraient assez bien le vigneron pour qu'il fût superflu d'en dire davantage; mais après avoir lu *la Pomone française* et le *Bon Jardinier*, après avoir vu l'extension que l'on donne à la taille de certains arbres, tels que le pêcher, et après l'avoir comparée à la briéveté avec laquelle on a parlé de la taille des vignes, dont l'utilité est sans contredit bien plus générale, nous nous sommes laissés entraîner à suivre l'exemple de MM. Lelieur et Noissette et à parler de la taille des vignes, avec plus de précision et de détails. Nous allons donc indiquer les règles particulières à chaque âge des vignes et à chaque branche.

ARTICLE III.

RÈGLES PARTICULIÈRES DE LA TAILLE.

L'art de conduire un pied de vigne se rapporte à trois époques de la vie; il faut d'abord l'établir convenablement dans sa jeunesse, d'après le système de culture adopté, puis l'y maintenir quand il est dans sa force, et enfin venir à son secours quand il s'épuise et vieillit : nous allons étudier la taille dans ces trois périodes.

§ 1.er

Manière d'établir les jeunes vignes.

Nous supposons la vigne déjà plantée, à rangs bien alignés, puis labourée et chaussée de manière à former un sillon, dont la ligne des pieds forme la crête.

On coupe la crossette à deux yeux, mais ceux qui sont alors hors de terre seraient trop élevés, on est obligé de déchausser les plants pour découvrir les yeux, qui sans cela seraient enterrés.

On devra les déchausser ainsi après chaque labourage pendant les premières années.

A la seconde année, après la première pousse, on taille de même à deux yeux.

A la troisième, après la seconde pousse, quoique la vigne soit plus forte, il convient aussi de la tailler fort court; cependant on commence à laisser deux astes aux pieds les plus vigoureux, et pour cela on y met des lattes et des carrassons, intermédiaires, le tout lié et attaché formera une ligne bien droite, d'un bout à l'autre du rang : c'est ce que l'on appelle mettre la vigne à la latte.

Cela se fait communément après la seconde pousse, les deux branches qu'on laisse le rendent nécessaire; mais le mieux serait de mettre ces lattes ou carrassons en plantant; afin d'éviter la dépense, et pour la rendre moins pesante, on la divise en deux parties, on met seulement une portion des carrassons lorsqu'on plante, et le reste, à la troisième année.

Il vaudrait infiniment mieux établir tout à la fois les lattes en plantant; et on y trouve de si grands avantages, que c'est ainsi qu'on le fait aujourd'hui, dans les vignobles les plus soignés.

Après la troisième pousse, on achève d'établir les deux branches, qui plus tard formeront les deux bras.

L'embranchement est d'une fort grande importance, car c'est de là que va dépendre toute la disposition des pieds de vigne.

Pour qu'il soit parfait, deux conditions sont imposées : il faut d'abord qu'il soit établi justement à la hauteur voulue, et ensuite que les branches soient placées exactement sur la ligne des lattes.

La hauteur de la fourche, doit être rigoureusement à 12 ou 15 centimètres du sol (5 à 6 pouces). Lorsque la vigne est déchaussée et le cavaillon ôté, en l'établissant à cette hauteur, l'embranchement se trouve juste au même niveau que la crète du sillon, quand la vigne est labourée et chaussée.

Dans plusieurs communes, et particulièrement à Saint-Estèphe, on embranche un peu trop haut, il en résulte que la souche s'élève trop vite et que les bras sont trop horizontaux.

Dans d'autres, on va jusqu'à l'excès contraire; on prend les bras dans la terre et si profondément, qu'il n'y a pas de tronc; certains vignerons fort habiles du reste, sont de l'avis qu'on ne peut former les deux bras trop profondément parce que la vigne s'élève très-vite. Je crois qu'en cela comme en tout, on fera mieux d'éviter l'excès.

En formant les deux bras à 15 centimètres (6 pouces) de terre, on a un tronc qui leur sert de point de départ et de support; lequel est fort utile parce qu'il produit souvent des jets ou branches bourdes, qui peuvent vous servir à avoir du bois de remplacement, pour renouveler les bras, au niveau auquel vous les avez disposés, ce que vous n'aurez pas, si vos bras ont leur point de jonction sous la terre, en outre, ce tronc offre un bien meilleur appui à l'araire *Cabat*.

L'inconvénient qu'on redoute, celui de voir la vigne s'élever trop vite, ne sera jamais à craindre si on a soin de la rabattre assez souvent et d'après les règles que nous indiquerons.

La seconde condition de l'embranchement, c'est que les branches soient dirigées naturellement dans le sens du sillon, et sur la ligne des lattes. Il faut en outre que les yeux soient placés de telle manière que les jets qu'ils produiront, se prolongent sur la même ligne et dans la même direction.

Si la jeune vigne ne présente pas cette disposition, il vaut mieux ne laisser qu'une aste, que de l'embrancher d'une manière défectueuse; alors on enlève la branche inférieure, on y laisse seulement un petit cot d'un seul œil, qui donnera l'année suivante, une branche sur laquelle on formera le bras.

C'est, on ne peut trop le redire, de ce premier établissement que dépend l'avenir de la vigne; il mérite qu'on y apporte le plus grand soin; on observera sur toute chose, la direction des yeux et celle que devront prendre les jeunes branches qu'ils produiront; on doit en taillant, voir à l'avance comment chaque jet se dirigera, à mesure qu'il poussera, et ne jamais perdre de vue, que l'araire détruit tout ce qui n'est pas bien aligné.

Souvent les vignerons se confiant sur la ligature, laissent des branches qui s'écartent de la ligne dans l'espoir qu'on les fera revenir dans la direction des lattes; cela ne vaut rien : ces branches ne peuvent y revenir qu'en formant un cintre, et présentant une protubérance; alors elles sont froissées par l'araire, ce qui leur préjudicie beaucoup; un vigneron attentif aimera bien mieux rabattre ces branches à un œil, et différer l'embranchement d'une année, comme nous venons de le dire.

Dans un fonds de bonne grave, on taille ordinairement la moitié de la vigne à deux bras à la troisième année, et l'autre moitié à la quatrième. D'où suit qu'à la cinquième, après les quatrièmes feuilles, la totalité sera taillée à deux branches. Dans un terrain plus riche, on peut gagner une année, tandis que dans un sol plus maigre, on sera obligé de reculer d'un an ou deux.

Mais on ne doit pas se presser, il vaut mieux laisser la vigne se renforcer, que de se hâter de l'embrancher. On est si désireux d'avoir du fruit qu'on y met en général trop d'empressement. C'est une des causes qui font que la vigne a moins de durée, et qu'elle reste souvent faible; tandis que si on l'avait retenue dans les premières années, ses racines se seraient renforcées, et elle aurait poussé ensuite avec beaucoup plus de vigueur.

Du reste, les premières branches ne sont pas encore des bras. Si on les prolonge jusqu'à la longueur de la latte, afin de pouvoir les y attacher, elles seront déchargées de leurs boutons et on n'en conservera que deux ou trois poussants. On laissera ces branches assez longues pour pouvoir être écartées de manière à former un V ouvert de 50 degrés environ.

L'année suivante et pendant quatre ou cinq ans encore, on taillera de même sur des branches droites appelées *tirets*. Cependant, s'il arrivait que les pieds fussent assez forts pour pouvoir supporter des astes pliées, on pourra en laisser d'abord une assez longue pour être soumise à l'arcure et plus tard une autre.

C'est ainsi qu'on arrive à la huitième année, époque à laquelle une vigne bien conduite doit avoir deux astes pliantes. Dans les terrains plus maigres, on pourra reculer de deux ans et attendre la dixième année; mais à cet âge, on doit considérer la vigne comme étant établie d'après la méthode voulue; c'est du moins ainsi qu'on doit se conduire pour les Cabernets. Les trois derniers cépages, pouvant rester plus longtemps taillés à tirets ou astes droites, et même parfois indéfiniment comme nous le verrons.

Dans la conduite des jeunes plantes, il y a deux règles à suivre : 1.° de les tenir fort courtes; de les décharger beaucoup; 2.° de tout sacrifier pour bien disposer le pied, au lieu de chercher à avoir du fruit.

§ 2.

Taille des vignes dans leur force.

Pour traiter convenablement tout ce qui se rapporte à la taille, nous considérerons séparément *les bras*, *les diverses branches*, *les cots*.

1.° *Des Bras.*

Les deux bras doivent, avons-nous dit être ouverts, à 15 ou 16 centimètres de terre, lorsque la vigne est déchaussée, et la terre du cavaillon ôtée, de telle sorte que le point d'embranchement se trouve précisément au niveau de l'arête de sillon, lorsqu'elle sera labourée et fermée.

Ils ne doivent pas s'élever au-dessus de la latte, mais s'arrêter justement à sa hauteur ; c'est là que se trouvera l'origine de l'aste à vin, mais on conçoit que l'aste de cette année servira de support à celle de l'année prochaine, laquelle à son tour portera celle qui suivra. Or, quand même il serait possible de prendre chaque année la branche la plus rapprochée, évidemment le bras s'allongera au moins de trois ou quatre centimètres (un ou deux pouces) et souvent bien davantage, puisque l'aste à vin ne peut se prendre, comme nous le verrons, que sur l'aste de l'année précédente.

Les bras ne pouvant pas s'élever, ou aura soin de les abaisser pour les forcer à rejoindre la latte ; mais en les abaissant, ils deviendront plus horizontaux et s'étendront le long du sillon : c'est ce qui rend le renouvellement indispensable.

M. Laurent Martineau, dans son traité de la taille de

vignes de palus, se plaint amèrement de ce que les vignerons ravalent trop souvent les bras : cela peut être dans les terrains riches dont il parle, parce que les vignes ne sont pas soumises à un système restrictif, et qu'elles peuvent s'allonger sans inconvénient et s'élever encore davantage : mais pour les vignes à la latte, il n'en est pas de même : les dimensions devant être maintenues rigoureusement, on est obligé de raccourcir les membres aussitôt qu'ils dépassent les proportions exigées. Voilà pourquoi on rabat les bras très-fréquemment; et ici, au lieu de se plaindre de ce qu'on le fait trop souvent. On doit bien plutôt recommander aux vignerons de rabattre encore plus qu'ils ne le font d'habitude. Il est beaucoup plus rare de voir une vigne trop courte, qùe d'en voir de trop allongée.

D'après cela nous dirons, que les bras doivent être tenus fort courts, et être disposés de manière de former à peu près un angle de 50 degrés ; qu'en outre, l'un doit atteindre la latte, et l'autre être un peu en dessous autant que possible.

Ce qu'il y a de fâcheux, c'est qu'on voit trop souvent des pieds qui ne présentent qu'un seul bras. Ceux-ci n'ont évidemment qu'une aste à vin, et par conséquent ne produisent que la moitié de ce qu'ils donneraient s'ils étaient organisés à deux bras, c'est ce qu'on doit éviter à tout prix, et pour cela aucune précaution ne doit être négligée. C'est pour parvenir à ce but, ainsi que pour opérer les retranchements, qu'on devra se précautionner à l'avance de branches nécessaires.

Un autre soin qu'on doit avoir, c'est d'égaliser leur vigueur. M. Laurent Martineau pour remédier à la différence qu'on y remarque souvent, conseille de laisser plus de boutons aux bras faibles, afin que la sève ayant plus d'issues, s'y porte avec plus d'abondance. Je ne puis partager cette manière de voir ; n'est-il donc pas reconnu au contraire par tous les vignerons comme par tous les jardiniers, que si on ne laisse qu'une seule branche, elle deviendra plus vigoureuse que lorsqu'on en conserve un grand nombre ; que plus la sève se divise, et moins son action est puissante. Je dirai d'après les faits nombreux, qu'on observe partout, qu'on fera bien de tailler fort court, le côté qu'on veut renforcer, et n'y laisser que fort peu de boutons, pendant un ou deux ans, jusqu'à ce qu'on ait obtenu de beau bois, alors on pourra lui laisser les branches plus longues et égaliser les deux bras.

2.° *Des branches à vin ou astes.*

L'aste ou branche à vin, doit être choisie avec un soin particulier, car c'est sur elle que repose l'espoir de la récolte, et l'avenir du pied de vigne. Il faut donc voir comment on doit la choisir, avant d'expliquer comment on la dispose.

1.° On prendra autant que possible la branche rapprochée de l'origine de l'aste, pourvu qu'elle ne vienne pas sur la jonction des deux écorces, car la branche qui touche au vieux bois porte moins de fruit que celle qui vient sur le jeune bois. 2.° Si la première était trop faible, ou mal disposée, on s'arrêterait à la suivante plutôt qu'à la plus belle si elle était trop éloignée.

3.° On choisira la branche de *dessous* de préférence à celle de *dessus*, parce que celle-ci s'élève trop, et que la plus basse se place toujours mieux sur la latte, et ne forme pas un arc aussi relevé.

Les vignerons qui cherchent à avancer leur ouvrage, préfèrent laisser au contraire la branche supérieure, parce qu'il est bien plus commode de couper de bas en haut en tirant la serpe, que de couper de haut en bas ou de côté. Aussi devra-t-on les surveiller beaucoup sur ce point. Car s'ils choisissaient pendant deux ans de suite la branche supérieure pour aste à vin, le bras serait certainement, à la seconde année, tellement redressé, qu'il s'élèverait au-dessus de la latte, si donc on est obligé une fois de laisser la branche supérieure sur un bras, il est de règle de ne pas le faire l'année suivante, sans cela on sera forcé de le couper et de le rabattre. 4.° On choisira de préférence, celle qui a porté le plus de raisins : ce qu'on reconnaîtra facilement aux tronçons des pédoncules qui restent.

5.° Quand le bouton est double et a donné deux branches sorties ensemble, on prendra celle de devant, comme étant plus vigoureuse, et moins élevée que l'autre, la seconde étant presque toujours dirigée en arrière ou redressée en l'air.

Telles sont les règles qui doivent diriger le vigneron ; mais il y a tant de cas particuliers, qu'on ne peut tout dire : c'est sa propre sagacité qui doit le déterminer. Il aura toujours en perspective : la disposition que prendra le pied à l'année suivante, ainsi que la vigueur de l'aste sur laquelle il fonde le produit de la récolte.

Si pour parvenir à avoir plus de raisins il faut renoncer à l'emménagement du pied, il vaut infiniment mieux sacrifier une partie du fruit à la prochaine année, pour en avoir davantage aux suivantes. C'est une règle que les vignerons suivent rarement, parce qu'ils n'ont pas assez de cette prévoyance, c'est cependant celle qui devrait les diriger tous et toujours.

On suivra à peu près les mêmes principes pour le choix des astes destinées à rester droites ; cependant on peut être moins exigeant, il suffit qu'elles ne s'écartent pas trop de la ligne des lattes.

Pour avoir du vin on ne devra jamais conserver des astes bourdes, venues sur vieille souche ; celles même venues sur du bois de deux ou trois ans, n'en donnent point : ainsi on ne conservera de semblables branches que lorsqu'il sera absolument impossible d'en avoir sur le bois nouveau, à moins que ce soit dans le but d'avoir plus tard des branches propres au renouvellement d'un bras, ce qui est tout différent.

Quant à la longueur qu'on doit donner à l'aste à vin, cela dépend beaucoup de la vigueur du pied et c'est ici surtout que l'intelligence du vigneron doit lui servir, pour qu'il proportionne justement la longueur des astes et le nombre des yeux poussant à sa force de végétation.

Dans les palus de Bordeaux, on laisse parfois des astes d'un mètre de longueur; les astes de second ordre ont souvent plus de 50 centimètres. Dans le Médoc, il suffit qu'elles soient assez longues pour être ployées sur la latte, c'est-à-dire qu'elles aient à peu près 40 centimètres (15 pouces), et c'est la longueur ordinaire.

Mais ce serait quelquefois une faute que de laisser tous les boutons sur une pareille longueur. Si dans les cabernets il peut convenir de les laisser tous, il est des cépages auxquels on en supprimera un et souvent plusieurs, et même pour le cabernet dans les terres légères, on ôte en général l'œil terminal.

En nous bornant à indiquer le nombre de boutons qu'il convient de conserver, nous dirons qu'une branche ou aste de six ou huit boutons est assez chargée, même quand le pied est d'une bonne force; qu'il est fort rare qu'on puisse en laisser davantage, et, que dans la plupart des pieds faibles, on doit se borner à cinq et même souvent les réduire à quatre.

Nous verrons plus bas ce qui est relatif aux six espèces cultivées et les différences qu'on doit établir dans leur taille, les trois dernières devant être beaucoup moins chargées que les cabernets.

3.° *Des Cots et Coursons.*

Ce qu'on appelle *cot* ou *courson*, est la base d'une branche coupée fort court.

On confond assez souvent ces deux mots, mais on donne le plus ordinairement le nom de courson à un tronçon un peu plus long; ainsi nous appellerons *cot* celui qui n'aura qu'un ou deux yeux; et *courson*, celui qui en aura trois ou quatre (1).

Ces tronçons de branches, sont laissés dans deux circonstances différentes, et pour des résultats divers : les uns pour porter du fruit, les autres pour avoir du bois de remplacement.

Dans le premier cas, ils sont laissés sur des branches venues sur le bois nouveau de l'année précédente; dans le second, sur les vieux troncs ou les bras. On confondrait deux choses fort distinctes, si on ne le remarquait pas.

J'appellerai les premiers, cots à fruit, et les seconds, cots d'attente.

Les cots à fruits sont assez rares, tandis que les cots d'attente sont très-fréquents.

On n'en laisse guère que dans trois circonstances :

La première, lorsqu'on n'a pas de bonne branche à vin ou qu'on n'en a que de trop courtes, et qu'on ne peut pas faire mieux.

---

(1) Columelle distinguait trois espèces de *cots* appelés *Custos*, *Recex*, *Præsidarius* : ce dernier était plus long que le *Custos*. Il y avait aussi ceux qui ne se composaient que d'un seul œil ras du bois qu'il appelait *furunculus*.

La seconde, quand par système on taille à court bois, ou comme on le dit dans la Gironde à *cot*. C'est un mode particulier de taille et de culture, qui convient à certains cépages, et surtout aux vignes blanches. Nous en parlerons dans un paragraphe spécial.

La troisième, lorsqu'avant de détruire une vigne qu'on se propose d'arracher, on cherche à obtenir plus de produit sans craindre de l'épuiser. C'est ce qu'on appelle tailler à *mort*. On laisse alors autant de coursons de trois à quatre boutons que le cep peut en fournir.

Hors ces cas, les cots à fruits n'entrent pas dans le système de taille régulière, si ce n'est par exception, et ne conviennent nullement aux cabernets, parce qu'ils affaiblissent ce pied sans porter de raisin ou du moins en portent très peu.

Voici par exemple un cas où on peut en conserver.

Il arrive quelquefois que les premiers boutons de l'aste n'ont pas poussé, ou n'ont donné que des jets avortés ou cassés, ou bien qu'ils ont été rongés par des bestiaux, ou par la lisette; alors on est obligé de s'éloigner et de laisser l'aste à vin à l'extrémité ; cela nuit prodigieusement à l'arrangement du pied; la branche cintrée de l'année précédente, conservera son arc au-dessus de la latte, et l'aste à vin que vous laissez à son extrémité, va en former un second au bout du premier.

Cela est assez fréquent après un été chaud, et rendra l'amputation du bras nécessaire ; dans une circonstance semblable, si le premier œil de l'aste avait donné un petit jet fût-il avorté ou tronqué, n'eût-il qu'un œil, il serait important de le conserver. Cet œil pourrait l'année suivante vous donner une branche propre à asseoir la taille, et on éviterait de couper le membre; mais alors on ne doit laisser qu'un seul œil.

Hors ces cas exceptionnels, l'emploi de ce genre de cots doit être prohibé, du moins sur les cépages dont nous nous occupons.

Il n'en est pas de même des cots venus sur le vieux bois, que j'ai appelé *cots d'attente*, ceux-ci méritent au contraire une attention particulière, car c'est sur eux que repose tout l'art de conduire la vigne, de la rajeunir et de la perpétuer.

Pour ne rien omettre sur cet objet le plus important de toute la taille, nous allons expliquer d'abord le lieu où il convient le mieux de les laisser et la manière de les utiliser.

1.° Relativement à leur place, nous dirons que ceux qui sont placés dans le bas de la souche sont les plus avantageux.

Après ceux-ci, on préférera ceux qui viennent à l'origine des bras près de l'enfourchement. Ceux venus en dehors ou en dessous, sont préférés pour renouveler un bras, parce que celui qu'on formera ne sera pas plus élevé que l'ancien.

Ceux qui viennent au-dessus, au point de la bifurcation, sont fort précieux, parce qu'ils peuvent servir à droite comme à gauche, et souvent même à renouveler les deux bras à la fois.

Après ceux-ci, on prend ceux qui viennent sur les bras plus ou moins haut, et les plus bas sont les meilleurs.

Mais ils doivent toujours être placés dans la direction de la ligne des lattes; les branches qui viennent en travers si on en a laissé croître quelqu'une, ne peuvent jamais servir : ces jets inutiles doivent être coupés très-ras.

Voyons, maintenant, comment on devra les conduire.

Les cots venus sur un membre, étant destinés à fournir une branche pour remplacer ce membre, ne doivent porter qu'un seul œil, car le second serait inutile et nuirait à celui dont on a besoin, car il pousserait nécessairement dans une direction opposée, à celle qu'on désire. Et il est essentiel que cet œil soit dirigé dans le sens du bras, afin que la branche qu'il produira pousse dans la même direction ; or, c'est une attention que les vignerons n'ont jamais.

Aussi, qu'arrive-t-il ordinairement, c'est que le cot donne une branche en sens opposé à ce qu'on fait ; alors ce jet ne peut servir à rien. A la seconde année, comme on ne peut utiliser cette branche, on fait un nouveau *cot* sur celui de l'année précédente, sur lequel il en arrive de même, de sorte que l'on fait aussi successivement trois ou quatre cots les uns sur les autres, sans jamais pouvoir parvenir à avoir une branche convenablement dirigée, ce qui forme à la fin une grosseur difforme qui gâte le pied, qu'on est obligé de faire sauter sans avoir réussi à ce qu'on voulait (1).

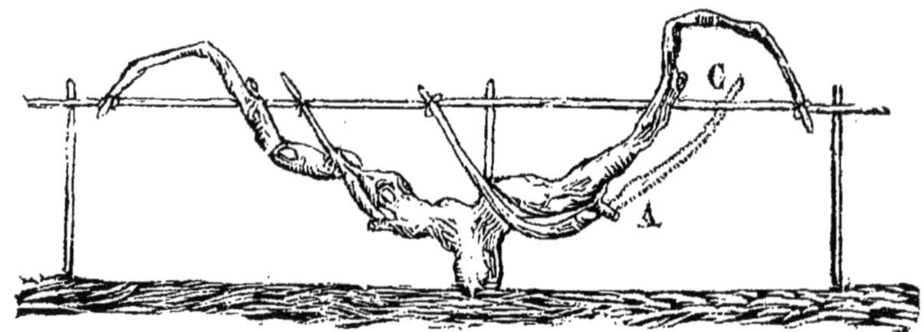

Pour éviter cela, qu'on ne laisse qu'un bouton bien placé, et qu'on supprime les autres, et l'on aura cer-

(1) On voit que le cot A sur lequel le vigneron a laissé le mauvais bouton, au lieu de pousser en C et donner une bonne branche comme le cot B, en a donné une qui ne peut servir à rien, et qu'on gâterait le pied si on la conservait.

tainement une bonne branche. Tout le secret, c'est de bien observer comment les yeux sont placés, d'enlever ceux qui pousseraient mal, et de ne laisser que celui qui se développera et donnera un jet dans la direction qu'on désire.

Ainsi, lorsque le premier bouton est placé dans la direction voulue, on le conserve, et en coupant très-court, on ne laisse que ce seul œil.

Quand il est dirigé en sens contraire, on ôte ce premier œil et on laisse le second ; alors le cot est un peu plus long. Ce second bouton étant placé à l'opposite du premier, doit nécessairemeni convenir si le premier ne convient pas. Mais on doit enlever le bourgeon inutile, afin que toute la sève se porte sur celui qu'on conserve, et c'est ce que personne ne fait.

Il est des cas assez rares, où l'on est obligé de remonter jusqu'au troisième, parce que le premier était dans un pli ou en danger de mal pousser, et que le troisième remplit mieux le but ; dans ces circonstances supprimez les deux premiers et ne conservez que le troisième, mais souvent alors il vaut mieux laisser la branche assez longue pour qu'elle vienne attacher à la latte, comme nous le dirons plus bas.

Par ce moyen, vous n'aurez jamais qu'un bouton poussant, et vous serez assuré qu''il croîtra à votre convenance ; vous n'affaiblissez pas votre pied et vous parvenez à le disposer à votre gré.

Et qu'on ne croie pas que c'est fort difficile, et que cela exige beaucoup de temps. En poussant légèrement la serpe, le dos de la lame fait tomber le bouton, en moins de temps qu'il n'en faut pour le dire. Un vigneron exercé fait cela en un clin-d'œil ou l'enlèvera avec la pointe.

Tel est le moyen simple et facile d'avoir toujours des branches bien venues. Il suffit de l'indiquer, cela n'exige ni grande science, ni longues études, seulement un peu d'attention, un peu d'examen de la manière dont la vigne poussera.

J'ai entendu des vignerons dire, qu'il était inutile d'enlever le bourgeon à l'avance, parce que lorsque venait l'opération de l'ébourgeonnement, on enlevait les jets qui se présentaient mal, et qu'il était plus sûr de laisser plusieurs yeux sur un cot qu'un seul.

Cela n'est pas exact. D'abord, les deux yeux ne poussent presque jamais ensemble; il peut donc arriver que ce soit le mauvais qui pousse au lieu du bon; d'ailleurs pourquoi en laisser un qu'on reconnaît d'avance ne pouvoir servir à rien, et renvoyer à l'ébourgeonnement ce qu'on peut faire si facilement par la taille? Ce jet absorbera inutilement un peu de sève, et peut-être deviendra plus vigoureux que son voisin; vous auriez affaibli la bonne branche au lieu de lui procurer la force dont elle a besoin. Ainsi, n'en laissez deux que lorsque vous aurez besoin de deux branches.

Je n'hésite pas à le dire, traiter les cots de la manière que nous avons expliqué, c'est le secret principal de l'art de tailler les vignes à la latte; celui qui ne voudra pas entrer dans cette voie, ne sera jamais bon vigneron.

4.° *Des branches droites appelées* TIRETS.

On nomme en général *tirets* les branches droites qui ne se plient pas sur les lattes.

On doit en distinguer de deux sortes : celles qui viennent sur le tronc, ou les bras, et sortent de la vieille écorce, et sont de véritables branches bourdes, et celles qui viennent sur un cot ou sur une branche déjà taillée.

Les premiers sont comme les cots uniquement destinés à fournir plus tard des branches à fruit ou de remplacement : ce sont des tirets de première année.

Ainsi que je l'ai déjà dit, on peut, à la place d'un simple cot, laisser la branche elle-même assez longue pour qu'elle vienne s'attacher à la latte. Cette branche bourde, ne devant pas porter de fruit sera ébourgeonnée de tous ses boutons. On n'y laissera que celui qu'on désire voir pousser, ou bien deux, tout au plus, selon le besoin qu'on en a ; mais comme on aura plus de facilité pour conserver ceux qui conviennent le mieux, on laissera ceux qui présentent une réussite plus certaine et qui sont dirigés du côté qu'on veut.

On comprend que ces tirets ont parfois quelques avantages sur les cots.

D'abord, celui d'offrir plus de moyens de bien choisir les yeux ; ensuite, celui d'être attachés, et par conséquent maintenus et ramenés sur la ligne.

Seulement il est vrai, qu'ils chargent un peu plus le pied ; c'est sans doute pour cela que l'usage d'en laisser est proscrit par certains vignerons, et fort peu usité par les communes où le terrain est maigre et la vigne faible, comme à Margaux et à Cantenac. Néanmoins, si l'on veut réfléchir que ces sortes de tirets donnent beaucoup plus de certitude de réussite dans le but qu'on se propose, et qu'on peut si l'on veut, n'y laisser qu'un seul bouton poussant, comme à un cot, on conviendra que cette exclusion n'est pas fondée.

Ils sont surtout bien préférables aux simples cots, quand la branche est venue vers le haut du membre, et que celui-ci est très-allongé ; en ne laissant alors qu'un cot, on court grand risque qu'il arrive des accidents, au lieu qu'une petite branche attachée à la latte en est à l'abri, et vous permettra certainement de rabattre ce long bras dans peu d'années. Il en est de même quand on a besoin de deux branches pour renouveler ces deux bras à la fois.

La seconde espèce de tirets, ceux de seconde ou de troisième année, ont une autre destination, celle de porter du fruit : ce sont de véritables astes à vin, qui sont formées non pas sur une branche bourde, mais sur un cot, ou sur un tiret d'un an, et par conséquent sur le bois nouveau.

Ces astes droites ne doivent pas être aussi bien déchargées de leurs boutons que les précédentes ; on peut leur en laisser 4 ou 5, selon la force du pied.

Quelquefois lorsque le cep a assez de vigueur, on peut même leur faire décrire un petit arc, c'est le moyen d'égaliser beaucoup mieux la sève et d'augmenter la production.

Pour éviter de confondre ces tirets de seconde ou troisième année, avec ceux de première ; nous les appellerons *astes-tirets* ou *astes droites* : le nom d'aste désignant toujours une branche à vin.

Ces astes accessoires sont d'autant plus utiles, qu'elles produisent souvent presque autant que les astes pliées, et que lorsqu'elles ont pris une force suffisante, elles remplacent les membres qu'on retranche.

5.° *Des Branches sortant de terre* ou *Chausserons.*

Il provient souvent du collet de la racine, des branches plus ou moins vigoureuses ; la plupart des vignerons les coupent et les détruisent sans prévoyance : on leur donne dans le Médoc le nom de *Chausserons.*

Quand la vigne est forte et bien établie, il est vrai que de semblables jets épuisent le pied, sans pouvoir jamais être utiles, mais lorsqu'il est vieux ou trop allongé, ils sont au contraire fort précieux et offrent un excellent moyen de le renouveler en entier.

Ces branches n'ont qu'un inconvénient, c'est que souvent elles ne sont pas bien soudées à la souche. L'abondance de sève qui s'y accumule, et l'humidité constante de la terre, sont cause que souvent la jonction des bois n'est pas intime et solide ; de sorte qu'en les écartant, elles se déchirent et se séparent de la souche qui les a produites.

On devra donc y apporter une attention particulière, et pour cela dégarnir le cep de terre jusqu'à la naissance du chausseron.

Du reste, on suit à cet égard la méthode déjà expliquée pour les tirets : on les taille assez longs pour venir s'attacher à la latte, et on n'y laisse pousser qu'un ou deux yeux (le plus ordinairement deux), qui donnant deux bonnes branches, permettent de former deux bras quelques années plus tard. Alors on coupera le vieux tronc tout entier, et on aura un pied tout jeune.

Après avoir expliqué ce qui concerne chaque espèce de branches, il nous reste à voir quand et comment on doit rabattre les pieds et les membres.

6.° *Quand et comment faut-il amputer les souches et les bras ?*

La plupart des vignerons reconnaissent qu'il faut rabattre fréquemment les vignes et adoptent sans restriction cet adage que « raccourcir la vigne, c'est la rajeunir ».

D'autres qui regrettent un membre productif, conseillent d'y apporter plus de ménagement, et préfèrent différer l'amputation aussi longtemps que le membre se montre fort et donne du raisin.

Ces derniers pensent plus à la prochaine année, les

premiers plus à l'avenir. Je partage l'opinion de ceux-ci. C'est surtout la vigueur du cep ainsi que la longueur du membre qui doit décider cette question. Mais il y a un puissant motif pour rabattre souvent ; c'est que lorsque l'écorce est trop âgée, elle ne produit plus de branches et que si vous différez trop, vous n'avez plus de moyens de renouveler les bras quand le besoin de le faire est arrivé : c'est ce qui se voit journellement, principalement sur les cabernets et la carmenère.

D'un autre côté, il est positif qu'on perd un peu de produit l'année où l'on coupe un bras ; car si on l'avait laissé subsister avec la jeune branche qu'on va conserver, le pied aurait eu deux astes à vin au lieu d'une, et eût évidemment produit davantage, du moins s'il est assez vigoureux pour les nourrir l'un et l'autre. Mais s'il est faible, si le terrain est peu fertile, il se trouverait trop chargé.

Alors, au lieu de prospérer ils déclineront, et, loin d'avoir une récolte abondante, vous n'auriez peut-être ni bois ni raisin.

C'est donc souvent une erreur, dans un terrain maigre que de vouloir conserver l'aste du devant lorsque vous en avez une bonne pour la remplacer.

Cependant, nous observerons que les astes venues sur un cot produisant beaucoup moins de fruit à la première année qu'à la seconde, il vaut beaucoup mieux laisser subsister le tout une année de plus avant de rabattre le bras, c'est ainsi au moins pour les cabernets et la carmenère ; mais on aurait tort de laisser plus longtemps, parce qu'alors au lieu de les voir se renforcer on risquerait de voir tout le pied s'affaiblir.

D'après cela, voici les règles que nous croyons devoir poser :

1.° Lorsqu'on a une aste de cot ou venue sur un tiret de première année, si le bras est fort et vigoureux, attendez un ou deux ans.

2.° S'il est faible et long, rabattez de suite.

3.° Ne craignez jamais de perdre du fruit, celui que vous aurez perdu à la prochaine année vous sera rendu aux suivantes.

4.° Si vous n'avez pas d'aste à vin venue sur le bois nouveau, attendez qu'il en soit venu et ne rabattez sur une aste bourde, qu'en cas d'absolue nécessité comme si la tête était morte.

5.° Néanmoins, si les jets du devant étaient avortés ou languissants et que vous n'eussiez d'autre ressource qu'une branche bourde, il vaudrait mieux rabattre que de garder une petite aste à vin insignifiante ou un petit courson au bout du membre; dans ce cas, on risquerait pour vouloir les conserver et avoir quelques raisins, d'affaiblir trop un pied si languissant, tandis que, en le rabattant, vous êtes assurés d'avoir l'année suivante de bon bois et plus de produit.

Telles sont les règles générales. Il en est aussi quelques-unes de particulières à chaque cépage, que nous expliquerons, parce que parmi ceux-ci il y en a qui ont besoin d'être rabattus bien plus souvent qu'on ne le fait communément; c'est le seul moyen de les tenir courts et vigoureux et d'avoir des membres sains, au lieu de ces souches creuses et pourries telles qu'en présentent presque toutes les vieilles vignes.

En suivant avec soin les procédés que nous venons d'indiquer, nous ne craignons pas de le dire, la vigne sera en quelque sorte éternelle, mais tous les vignerons ne se pénètrent pas de ces vérités. La plupart ne conservent pas assez de branches pour servir de remplacement. On a l'habitude quand on ébourgeonne, de supprimer tous les jets qui viennent sur la souche et les bras, de crainte qu'ils n'absorbent la sève et n'affaiblissent le pied; cette frayeur exagérée fait qu'ensuite quand il faut tailler, on ne trouve pas les ressources dont on aurait besoin.

D'autres prolongent beaucoup trop la durée du bras, craignant de nuire à la production; ils devraient savoir que la vigne tenue courte, est toujours plus productive que celle qui est allongée.

Si elle a été mal conduite, elle décline et se perd; elle exige alors de nouveaux soins et la taille, cette opération qui influe tant sur son existence, exige quelques modifications : c'est ce que nous allons expliquer.

§ 3.

Taille des vieilles vignes et moyen de les conserver.

Si les vignes étaient toujours bien taillées, elles se conserveraient indéfiniment, mais la négligence des vignerons est cause qu'elles dépérissent de deux manières : s'allongent trop et elles se pourrissent.

Si l'on n'a pas raccourci les membres assez souvent, il faut redoubler d'attention pour conserver les ressources qu'elles peuvent offrir, et, par une taille plus courte, les forcer en quelque sorte, à jeter quelque branche par la souche ou les racines; car c'est le seul moyen de les renouveler.

Ce moyen réussit presque toujours sur les trois dernières espèces, mais plus difficilement sur les cabernets; cependant c'est la seule chose à faire et le seul conseil que nous puissions donner relativement à la manière de les tailler.

Ainsi, dans les terrains où on laissait habituellement trois astes, on n'en laissera que deux, on déchargera les astes d'un ou deux, même trois boutons, selon la force du cep : il n'y a pas d'autre moyen de renforcer une vigne par la taille.

Dans ces cas, toute l'attention du vigneron doit se porter sur les bois de remplacement. Il ne doit rien négliger pour en obtenir et sacrifier même l'espoir d'avoir du fruit, s'il ne peut s'en dispenser : d'après cela, il ne devra jamais enlever un jet venu sur la souche. Quelque petit et insignifiant qu'il paraisse, il serait toujours assez long pour offrir un bouton, et ce bouton à sa seconde année, vous donnera une branche, qui plus tard pourra, peut-être, remplacer ou un bras ou la souche entière.

C'est surtout à la façon de l'ébourgeonnement qu'il est essentiel de savoir en conserver au lieu d'abattre toutes les petites branches comme on le fait trop souvent.

Si l'on n'a de ces sortes de branches, que sur le haut des bras, mieux vaut encore les garder que d'attendre qu'il en vienne d'autres plus bas; elles nous offriront au moins l'avantage de raccourcir ces membres de quelque chose, ne fût-ce que de deux décimètres, même d'un seul, vous vous procurerez par là le moyen de faire une première amputation.

Ce premier retranchement en amènera certainement un autre; car c'est l'ordinaire que la vigne produit quelques branches au-dessous d'une amputation récente. Vous pourrez donc espérer d'avoir prochainement les moyens d'en faire une seconde un peu plus bas.

C'est ainsi que de degré en degré, vous descendez jusqu'au point voulu, et réduisez vos membres à la longueur convenable.

D'autres fois, un cep vous offrira une ressource bien précieuse, dont vous ne manquerez pas de profiter; il poussera un chausseron par le collet de la racine.

C'est ce qui peut arriver de plus heureux. Nous avons

vu combien il est facile alors de remplacer le vieux pied, par un autre tout jeune; il ne s'agit que de conserver cette branche, de la laisser assez longue pour être attachée à la latte en la déchargeant convenablement des yeux surabondants et n'en laisser que deux, les mieux placés, qui vous donneront deux bonnes branches, sur lesquelles vous établirez votre pied, en abattant la vieille souche.

Vous pourrez opérer de même lorsque vous verrez une touffe de petites branches, sorties d'un tronc cassé en terre, ou dont la tête est morte; un vigneron inattentif, les abandonnera et passera outre, mais celui qui saura choisir dans la terre la meilleure branche et la tailler avec attention, parviendra à en faire un nouveau pied de vigne.

Avec de pareils soins, on peut sauver beaucoup de ceps; en ramener beaucoup d'autres, et parvenir à rétablir en peu d'années, une vigne qui paraissait perdre, et qu'on croyait devoir arracher.

Telle est la puissance presque magique de la serpe, conduite par une main intelligente.

Aussi, lorsque le sol est bon, que la vigne peut y bien végéter, la taille seule suffit pour réparer un vignoble.

Mais lorsque le fonds est faible, et le terrain peu fertile, il est quelquefois nécessaire d'y faire des réparations plus coûteuses. On fume la vigne, on y transporte de bonnes terres, et par ce moyen on lui donne plus de vigueur.

Alors, si l'on continue à la tailler fort court, on aura certainement des jets dont on pourra profiter, pour retrancher les bras trop longs, et dans peu de temps, on aura de bonne vigne.

Ce n'est pas ainsi qu'on opère, et par ces vues que l'on se conduit.

Celui qui fume un vignoble et qui y fait de la dépense, veut rentrer dans les déboursés dès la seconde année et aussitôt qu'il a des astes un peu plus fortes, il se hâte d'en profiter pour charger davantage la vigne, afin d'avoir une ample récolte.

En effet, il a plus de raisins, mais son pied a bientôt épuisé la force qu'il tenait de l'engrais, et il retombe ensuite dans sa langueur préalable.

Au lieu de cela, taillez fort court, et la sève contenue, cherchera d'autres issues; vous aurez alors des jets sur le vieux tronc.

Vous pourrez ainsi avoir des branches propres à vous procurer du bois de remplacement pour rabattre vos vieilles souches et rajeunir votre vigne.

Enfin, si vous aviez des pieds trop longs, qui ne vous offrissent aucune ressource pareille, le meilleur parti à prendre, serait de les greffer; c'est un usage qui devrait être beaucoup plus répandu qu'il ne l'est, car, par ce procédé, on peut améliorer prodigieusement une vigne, non-seulement en changer les espèces, mais même donner une nouvelle vie à celle qui paraissait perdue.

Quant à la pourriture, c'est un mal sans remède. Une souche creuse et réduite à son écorce, ne pourra jamais pousser avec vigueur; la renouveler par une jeune branche est le seul parti à prendre, voilà pourquoi nous avons insisté sur le soin qu'on doit apporter à faire les grosses amputations, de la manière qui entraînait le moins cette maladie et pourquoi nous avons recommandé l'onguent de Saint-Fiâcre; ces soins sont assez importants pour mériter une sérieuse attention.

On voit, d'après cela, combien nous avons raison de recommander les ravalements fréquents; Columelle, le viticulteur de Rome le plus expérimenté, l'a reconnu longtemps avant nous. Dois-je indiquer le moyen qu'il donne pour faire pousser des branches où l'on veut, quoiqu'il soit incertain, le voici : C'est de faire une incision un peu profonde sur l'écorce, pénétrant jusqu'au milieu du bois.

J'ai essayé ce moyen ; je dois dire que j'ai rarement réussi. Cependant quand on le fait au Printemps au moment où la sève monte, on a plus de chances qu'en le faisant dans l'Hiver. La greffe en navette ou à la mèche, offre encore d'autres moyens que l'on peut essayer.

ARTICLE IV.

DIFFÉRENCES DE LA TAILLE RELATIVEMENT A CHAQUE CÉPAGE.

Il est peu d'espèces de vigne qui ne puisse se prêter à la méthode de culture et à la taille dont je viens d'exposer les principes, du moins dans une terre légère et d'une médiocre végétation. Celles qu'on taille en général à court bois, s'y prêteront aussi bien que les autres, si elles sont conduites par une main habile, qui sache les décharger convenablement ; car tout l'art du vigneron se réduit à ceci : ne charger la vigne qu'en proportion de sa force.

Les vignes blanches même, qu'on taille fort court, produisent beaucoup plus disposées à astes, avec des lattes, et parmi celles-ci, il y a plusieurs races auxquelles le système convient à merveille, telles que le blanc semeillon, le sauvignon, et même la muscadelle.

Mais certaines races exigent quelques modifications, afin d'approprier le système à leur manière de végéter ; c'est ce qu'il faut maintenant examiner relativement aux six espèces cultivées dont nous nous occupons spécialement.

Les règles que nous avons posées s'appliquent principalement aux deux cabernets et à la carmenère. Ce sont les trois espèces que nous avons toujours eu en vue; ces règles conviennent à toutes trois, parce qu'elles offrent dans leur végétation une assez grande analogie; cependant elles présentent quelques différences qui doivent être saisies et expliquées.

Le gros cabernet marche seul quant à la vigueur, c'est celui par conséquent qu'on peut charger le plus. On pourra laisser à chaque aste sept à huit boutons poussants, et se dispenser d'enlever l'œil terminal.

Le cabernet, sauvignon et la carmenère viennent après; ayant un peu moins de vigueur, ils seront un peu moins chargés que le gros cabernet.

Pour ces trois cépages on évitera de rabattre sur une aste de cot à la première année. Il sera préférable d'attendre une année de plus.

Le cabernet sauvignon est celui qui exige le plus d'habileté de la part du vigneron. Trop chargé, il épuise très-vite; trop restreint, il donne moins, mais cependant produit toujours. Il vaut donc mieux le décharger un peu plus.

Le gros cabernet, au contraire, ne donnerait rien s'il était tenu trop court. Il pousserait alors tout en bois, et ses fleurs ne retiendraient pas.

Quoique ces deux cépages donnent peu de jets sur la vieille souche, on a l'espoir d'en voir venir jusqu'à peu près à la douzième année. On peut d'après cela attendre jusqu'à cet âge avant de les rabattre; dans un sol maigre, on pourra trancher un bras avant de se préparer à raccourcir l'autre; alors on se bornera à avoir un tiret ou un cot d'un seul côté, afin de ne pas affaiblir le pied, qui est déjà assez chargé par ses astes à vin.

Quant à la carmenère, la disposition qu'elle a de s'allonger, et la difficulté qu'elle présente d'obtenir des branches de renouvellement, doivent déterminer le vigneron à la rabattre plus souvent : ce sera à huit ou dix ans au lieu de douze qu'on fixera la durée d'un bras.

Pour n'être jamais au dépourvu, on aura soin d'avoir toujours un cot ou un tiret sur chaque membre, ou tout au moins aussitôt qu'un bras aura été tranché, on se préparera à amputer l'autre, et à y avoir du bois de remplacement.

Telles sont les distinctions que présentent les trois premiers cépages.

Les trois dernières espèces, s'écartent des premières sous plusieurs rapports, étant moins vigoureuses que celles-ci, au moins dans les graves : poussant un peu moins par les extrémités, donnant du fruit sur les branches bourdes. Ces différences doivent en entraîner dans la manière de les tailler.

Parmi les trois, le malbec et le merleau paraissent suivre à peu près la même marche.

On peut dans les terrains productifs, les tailler à astes pliantes ; mais en les chargeant moins que le cabernet sauvignon, quatre à cinq boutons poussants, suffisent sur une aste à vin.

En terre ordinaire il sera mieux de n'avoir qu'une aste pliée et de laisser l'autre droite. Je préférerais même toujours, un pied ayant deux astes-tiret droites et une aste pliée plutôt que celui qui aurait deux astes pliées.

En outre, il sera toujours mieux que les bras soient un peu plus courts et n'atteignent pas la latte.

On devra les renouveler plus souvent, et au moins à huit ans environ, de telle manière qu'en alternant, on en coupera un tous les quatre ans à peu près; tantôt l'un tantôt l'autre.

Il y a des communes où l'on cultive presque exclusivement le malbec ou côte rouge; on y a adopté l'usage de laisser un courson sur la branche de l'année précédente, en dessous de l'aste à vin : ces coursons appelés *pisse-vins* produisent en effet beaucoup. Malgré cela, je ne puis approuver cette taille et tous les vignerons judicieux la proscrivent, surtout quand ces coursons sont établis en dessus de l'aste ; parce qu'ainsi placés, ils ne peuvent fournir de bon bois pour la taille de l'année suivante, et qu'ils forcent le vigneron à choisir l'aste à vin trop haut.

Il vaut bien mieux laisser un tiret de plus dans le bas du pied : ce tiret donnera toujours plus de fruit qu'un cot ou un courson et servira à asseoir la taille comme on le voudra.

Ces coursons à fruits ne doivent être conservés que lorsqu'ils sont placés dans le bas du pied et au-dessous, mais jamais au-dessus.

Le merleau se conduit absolument de même ; quelques vignerons le taillent comme le cabernet sauvignon, à astes pliées. Il réussit fort bien de cette manière, si le terrain lui convient ; mais s'il est un peu faible, cette vigne y décline, il vaut mieux le tailler à astes droites, comme le côte rouge ou bien le maintenir avec une seule aste pliée et les autres droites.

Relativement au verdot, il marche seul et doit être taillé tout différemment ; les astes pliées l'épuiseraient trop et à quoi bon soumettre ses astes à l'ar*cure* ? il pousse bien plus par la souche que par les extrémités.

On le taille donc à astes droites et toujours au-dessous de la latte.

Alors, il n'offrira pas deux longs bras comme les autres, mais seulement un tronc bifurqué, d'où partiront deux astes, dont la base sera fort courte et renouvelée fréquemment ; encore ces astes seront-elles réduites à quatre ou cinq boutons poussants.

Si pour disposer et conserver le pied de cette manière on n'a que des branches bourdes, on peut s'en servir sans regret, elles donneront autant de fruit que les autres.

Mais comme la souche produit à tout âge des jets en abondance, il est toujours facile d'avoir des cots d'attente; alors pour ne pas laisser allonger les bras, on devra les recouper plus souvent que pour les autres espèces et ne les laisser subsister que quatre ou cinq ans.

Pour ces trois dernières espèces, si l'on peut espérer d'avoir de la récolte sur les branches bourdes, à plus forte raison en viendra-t-il sur un aste de cot dès sa première année; on pourra donc rabattre les membres sur des astes de cette espèce, au lieu d'attendre une année de plus, comme nous l'avons dit pour les trois premières.

ARTICLE V.

DE LA TAILLE A COURT BOIS OU A COT.

La taille à court bois appelée taille à *cot* dans la Gironde est si généralement répandue, que ce serait une omission que de n'en pas parler; d'ailleurs, elle est établie en Médoc, depuis quelque temps, dans plusieurs vignobles. Il est donc encore, sous ce rapport, utile d'expliquer les améliorations dont elle est susceptible.

Ce genre de taille usité dans tous les pays qui produisent du vin de bas prix, est vantée par plusieurs viticulteurs de mérite. Ils soutiennent qu'elle est propre à faire produire à la vigne du vin meilleur que celui qu'on obtient en taillant à longues astes, et que c'est la seule manière qui convienne à certains cépages.

Nous avons déjà dit ce que nous en pensons, et démontré que si cette taille convient mieux à certaines espèces qu'à d'autres, toutes produisent beaucoup moins taillées à court bois qu'à astes longues.

Que relativement à la qualité du vin, il n'y a de différence sensible que lorsqu'on laisse les astes trop longues, parce que lorsqu'il y a trop de raisin, il ne peut bien mûrir; mais que lorsque la taille est calculée de manière à être dans une juste proportion, le vin est tout aussi bon sur la vigne taillée à aste que sur celle qu'on a taillée à cot.

Ainsi, le grand avantage de cette taille, c'est l'économie qui en résulte, puisque en la taillant de cette manière, on est dispensé de mettre des carassons et des pieux pour relever les jeunes branches qui, sans cela, rendrait le labourage impossible. La conséquence de cette taille est donc la suppression des bois dans la vigne labourée, alors on est obligé d'attacher les branches d'un pied à celles du pied voisin, ou bien de la rogner et recouper dans l'été pour les empêcher de traîner à terre.

Il était séduisant de l'adopter au Médoc; car si l'on avait pu avoir une récolte d'une valeur égale, avec beaucoup moins de dépense, l'avantage était évident, dût-elle être un peu moins abondante.

Mais cette utopie n'a été qu'une illusion comme tant d'autres. Il a été reconnu après plusieurs essais comparatifs faits sur une grande échelle et dans plusieurs vignobles, que la production était réduite d'environ un tiers, pour les trois dernières espèces, et de moitié, sur les trois premières.

Qu'en outre, la vigne s'élevait beaucoup plus vite, quelque soin qu'on prit pour la rabattre et se perdait avant peu d'années, parce qu'elle pousse trop par le haut.

Il est vrai que certains viticulteurs avaient pensé qu'on pouvait en taillant à cot, laisser sur la vigne le même nombre de boutons que si on la taillait à astes, et cela semblait naturel, puisque les boutons sont les issues de la sève.

On laissait d'après cette idée, cinq ou six coursons de trois à quatre boutons chacun, ce qui fait quinze à vingt boutons comme on en laisse sur deux ou trois astes.

Mais on s'est bientôt aperçu, que les yeux les plus élevés poussaient seuls très-souvent, ce qui forçait à élever beaucoup la taille chaque année.

Qu'en outre, la vigne s'affaiblissait promptement parce qu'elle était trop chargée, alors on est venu à faire les cots plus courts et à en restreindre le nombre.

Mais en taillant à deux yeux, les premiers cépages ne produisaient presque rien proportionnellement. Il a donc fallu y renoncer pour ces trois espèces.

Pour les trois dernières, cela a moins d'inconvénient; aussi a-t-on varié les proportions et les essais de manière à rendre cette taille propre à la vigne labourée.

On a, comme je l'ai déjà dit, environ un tiers de diminution sur la récolte, qu'on obtiendrait en taillant à astes longues ; mais si le vin de la localité où l'on veut l'établir, ne peut atteindre un prix élevé, et que le terrain soit assez fertile pour donner malgré cette réduction une récolte suffisante, on regagne par la réduction des dépenses plus qu'on ne perd par la diminution du produit; et dans les terrains vivaces, il en vient encore assez.

En comptant avec soin, l'entretien d'une vigne à cot, labourée et soignée sur tout le reste, aussi bien que si elle était à la latte, elle revient à peu près à 110 fr. par journal, 330 fr. à l'hectare sans compter les barriques qui varient selon la production, et ne sont pas en réalité une dépense de culture.

En comparant ces frais à ceux qu'entraîne la culture à la latte, nous trouverons que les dépenses de culture des vignes de ce système sont de 525 fr. par hectare sans les barriques, soit 175 fr. par journal. Les barriques se montant à peu près à 112 fr. 50 cent., portent le total des frais à 637 fr. 50 cent.; mais cette dernière dépense doit varier selon l'abondance de la récolte.

En ne comptant que celle de la culture, on trouve donc qu'elles sont entr'elles comme 525 est à 330. C'est à peu de chose près les $^{2}/_{5}$mes d'économie.

Mais si la réduction du produit est d'un tiers, il peut y avoir perte dans certains cas à faire cette économie, et avantage dans certains autres. Cela dépend de la valeur du vin; car s'il est d'un prix élevé, il vaudra mieux dépenser un peu plus pour en obtenir une quantité plus considérable.

Voici des calculs aussi justes que possible. Dans ces sortes de cas, très-variables de leur nature, ils serviront de guide aux propriétaires qui seraient tentés d'adopter la taille à cot.

Dans les terrains ordinaires, des bonnes graves, par exemple, dans celui qui donnerait 9 barriques de vin à l'hectare, 3 au journal, si le vin vaut 400 fr. le tonneau, 100 fr. la barrique, on a un revenu net de 272 fr. 50 à l'hectare, en taillant à la latte.

A cot, ne récoltant qu'un tiers de vin de moins, le produit n'est que de 195 fr. : la réduction de la recette est donc de 77 fr. 50 par hectare.

Si le vin au lieu de 400 fr. n'en valait que 300, 75 fr. la barrique, il n'y aurait pas autant de différence.

On aurait alors, en cultivant à la latte, un revenu net de 37 fr. 50 par hectare; et à cot, il serait de 45 fr. Il y a, dans ce cas, un petit avantage à tailler à cot; mais on comprend que dans les terrains où la production n'est pas plus considérable, le bénéfice est presque nul, puisqu'il n'est que de 11 fr. par journal dans une hypothèse, et de 15 fr. dans l'autre.

Si le vin était d'un prix inférieur, il y aurait perte dans tous les cas. Voilà pourquoi des cultivateurs ne peuvent se sauver qu'en augmentant la production.

Dans un terrain plus fécond, et donnant un tonneau au journal, trois à l'hectare, le résultat est différent.

Si dans un vignoble de cette nature, le vin valait 400 fr. le tonneau, 100 fr. la barrique, on aurait un revenu net de 525 fr., tandis qu'en taillant à cot, il ne serait que de 370 fr. La perte sur le produit serait donc de 155 fr.

	525 fr.
	370
duit serait donc de 155 fr.	155

Tandis que si le vin n'atteignait que le prix de 300 fr., 75 fr. la barrique, on aurait en cultivant les vignes à la latte, un revenu net de. . . . . 225 fr.
et à cot seulement, une somme. 170

Il y aurait donc en réalité une perte de . . . 55 fr.

cent francs de moins que dans le premier cas.

En comparant les revenus des vins inférieurs à ce prix, on voit que pour les vins de 240 fr. le tonneau, 60 fr. la barrique, la différence est très-faible et à peine de 5 fr. à l'hectare. Mais qu'en cotant le vin à 220 fr. le tonneau, 55 fr. la barrique, l'avantage est pour la taille à cot; car, en cultivant à la latte, on aurait une perte de 15 fr. par hectare, tandis qu'à cot il y a un bénéfice de 10 fr.

Ainsi dans ce cas, il est plus avantageux de tailler à cot, mais on a bien peu de revenu même en taillant de cette manière. On ne peut donc cultiver la vigne selon le système qui nous occupe, que si le terrain produit davantage, comme cela se voit dans les terres un peu plus riches qui donnent beaucoup plus d'un tonneau au journal.

Il résulte de ces rapprochements, que le bénéfice ou la perte dépend tout à la fois de la richesse du sol et de la valeur du vin, puisque dans un sol plus léger et moins productif, c'est au-dessous du prix de 300 fr. que la taille à cot offre quelque avantage; tandis que s'il produisait plus de vin, on aurait plus de bénéfice de cultiver la vigne à la latte, même lorsque le vin ne vaudrait pas plus de 240 fr.

C'est principalement pour les vins de bas prix que cette question peut être agitée; pour ceux d'une valeur plus élevée, la taille à la latte est toujours préférable comme le prouvent ces rapprochements. Cependant dans un sol très-maigre et encore moins productif, on peut établir la taille à cot, même quand le vin aurait une plus grande valeur. Ainsi dans un terrain qui ne produirait que 6 barriques de vin à l'hectare, 2 au journal, si le vin se vendait 400 fr. le tonneau, 100 fr. la barrique, il couvrirait seulement ses frais, et il n'y aurait aucun revenu; tandis qu'en taillant à cot, il y aurait encore un revenu de vingt francs par hectare.

Dans tous les cas, il est bien reconnu que la taille à court bois, ne peut être appliquée qu'aux trois dernières espèces cultivées en Médoc, c'est-à-dire au Malbeck ou cot rouge, au Merleau et au Verdot, ainsi qu'aux vignes blanches, mais nullement aux Cabernets, qui produisent trop peu taillés de cette manière et s'élèvent trop vite.

En adoptant ces bases et en limitant ce genre de taille aux espèces que nous venons d'indiquer, il s'agit de voir quelles sont les modifications qu'il convient d'y apporter pour le rendre propre aux vignes à l'araire.

Une première observation que nous devons faire, c'est qu'on a également tort, de restreindre cette taille à un seul courson, comme on le fait dans une partie de la France, et d'en laisser une trop grande quantité, comme on serait tenté de la faire en comparant le nombre des yeux conservés à ceux de la taille à astes pliées.

Taillées à un seul cot de deux yeux, la vigne ne peut se développper, n'ayant pas assez de branches, elle n'acquiert pas assez de nourriture par ses feuilles, et, réduite à ne prendre sa vie que par ses racines, elle s'affaiblit progressivement. C'est donc une erreur que de tailler ainsi sous le prétexte de renforcer la vigne : c'est ce que j'ai vu sur les coteaux de la Dordogne où l'on taille la vigne de cette manière. Je me suis convaincu que celle à qui on laissait deux ou trois coursons au lieu d'un, loin de décliner, se renforçaient d'une façon assez marquée, au bout de quelque temps.

D'un autre côté, en laisser trop et leur donner une trop grande longueur, serait charger un cep au-delà de ses forces; car il paraît certain que plus la sève se divise et moins elle a de force, de sorte que, un pied nourrira mieux douze boutons placés sur deux astes de six yeux, que sur six cots de deux yeux.

On devra donc restreindre le nombre des coursons de telle sorte que le pied soit un peu moins chargé que s'il était taillé à astes : en les fixant à quatre, c'est ce qui convient le mieux dans les terres fertiles, et à trois, dans celles qui ne le sont moins, les ceps seront assez chargés sans l'être surabondamment.

Leur longueur doit être le plus souvent de deux yeux, même quand la vigne est vigoureuse, cela est suffisant; et, comme dans les espèces que nous taillons ainsi, les premiers boutons chargent autant que les autres, il n'y a rien à perdre à les faire aussi courts.

Néanmoins on aurait tort de rogner la branche au second œil, on aura soin de ne la couper qu'au-dessus du troisième, et de supprimer celui-ci ou au moins de couper bien au-dessus du second, entre les deux.

Il paraîtra surprenant qu'il faille laisser ainsi un bout de branche inutile et un bouton qu'on va enlever, mais il arrive si souvent que le bouton terminal ne pousse pas, les vignerons sont si entichés de la manie de trancher les branches tout ras de l'œil, que très-souvent cet œil avorte, surtout quand le froid a été vif pendant l'hiver.

Pour une aste longue, cela a moins d'inconvénient, quoique cette manière de couper les branches soit vicieuse, parce qu'il en reste assez d'autres; mais dans la taille à cot, on en éprouverait trop de dommage. Il vaut bien mieux laisser le bois un peu plus long, et être assuré que les deux yeux qu'on laisse, pousseront tous les deux.

Une autre attention qu'on aura, c'est de chercher à les écarter l'un de l'autre au lieu de choisir ceux qui se rapprochent, car alors les raisins sont entassés et cela nuit à leur maturité.

C'est pour éviter cet inconvénient et aussi pour disposer les pieds de manière à pouvoir labourer la vigne sans lui nuire, qu'on a adopté la méthode suivante.

Dès que la vigne est assez forte pour qu'on puisse établir les deux bras, c'est-à-dire, à la 3.me ou à la 4.me année, on lui laisse deux astes comme si on devait la mettre à la latte; après cela, on place deux carrassons un à droite et un à gauche, à une distance convenable, pour y attacher ces deux astes, lesquelles seront couchées presque horizontalement, et par conséquent, beaucoup plus bas que pour la vigne à la latte.

Ces deux astes seront ébourgeonnées de tous les yeux qui pousseront en-dessous vers la terre. On ne leur laissera que ceux qui sont placés en-dessus. Soit à trois seulement de chaque côté. Les yeux inférieurs s'élèveraient moins, mais ils risqueraient de pousser en travers.

Ces yeux donneront chacun une branche, lesquelles serviront l'année suivante à former des cots.

On choisira celles qui sont à une bonne distance d'environ 12 à 15 centimètres (4 à 5 pouces). On en laissera deux de chaque côté; ce qui fera, en tout, quatre.

Alors on supprimera les carrassons. Les bras seront assez forts pour se soutenir seuls et la vigne se trouvera parfaitement établie en ligne comme s'il y avait des lattes.

Lorsque les cots seront trop élevés, ce qui arrivera assez vite, on aura soin de conserver à leur base ou sur le maître-bras qui leur sert de support, un jet sur lequel on laissera un nouveau cot, et l'année suivante on en enlèvera l'ancien.

Lorsqu'on voudra renouveler le bras entier, on conservera une branche venue sur le tronc qu'on attachera horizontalement à un carrasson comme on a fait dans le principe, et sur laquelle on établira l'année suivante de nouveaux cots, et alors on abattra le vieux bras.

Ces renouvellements devront se faire périodiquement, plus souvent que pour la vigne à la latte.

Par ce moyen, la vigne à cot sera renouvelée et rajeunie, comme celle qu'on taille à astes longues : elle se maintiendra tout aussi bien sur la ligne, les coursons seront convenablement séparés et espacés, et elle pourra être labourée sans éprouver de dommage.

Il est vrai qu'il en coûtera quelques carrassons et un peu de vîme pour l'attacher dans l'origine; mais cette dépense ne se fera qu'une fois pour l'organiser : plus tard, on aura bien quelques branches à attacher aussi, mais elles seront en fort petite quantité chaque année. Cela exigera plus de soin que de dépense; tout au plus, y aura-t-il un vingtième des pieds qui en auront besoin; il ne faudra pas un millier de carrassons par hectare au lieu de 12 qu'on met pour garnir à neuf.

Avec ces précautions, il est vrai que la vigne à cot coûtera quelque chose de plus que celle qu'on livre à elle-même, mais cette augmentation de dépense est peu considérable, et l'économie comparativement à celle à la latte, est très-grande avec les soins que nous venons d'indiquer; les frais reviennent à peu près à 330 fr. par hectare, 110 francs par journal sans compter les barriques, comme nous l'avons déjà dit; tandis que celles de la vigne à cot sans ces soins, montent à environ à $^{1}/_{10}{}^{me}$ de moins soit 100 fr. par journal, aussi sans les barriques. C'est donc environ dix francs de moins par journal, et la vigne est bien mieux entretenue que par la méthode ordinaire.

En terminant ce qui concerne la taille, j'éprouve le besoin de faire une observation importante sur la manière dont on paye ce travail : c'est autant dans l'intérêt du vigneron que dans celui du propriétaire.

On est dans l'habitude de payer les vignerons selon la surface du terrain, c'est-à-dire, à la façon ou au journal : eh bien, cet usage est extrêmement vicieux, et enfante beaucoup d'abus.

S'il est une vérité reconnue, c'est qu'il ne faut pas placer l'homme entre son intérêt et son devoir ; or, d'après la méthode usitée, quand un vigneron a taillé un journal de vigne, qu'il soit bien ou mal garni de pieds, que les ceps soient forts ou faibles, qu'ils aient deux bras ou qu'ils n'en aient qu'un, le prix est à peu près le même. Il est rare qu'il soit modifié. Dès-lors, il est évident que le vigneron a intérêt à ne former aucun bras nouveau, à plus forte raison des pieds. Il n'aura donc aucun zèle pour garnir sa vigne et la renforcer, puisqu'en prenant tous ces soins, il se prépare d'autant plus d'ouvrage, et d'un ouvrage qui ne lui sera pas payé ; et en effet, il ne recevra pas davantage, son terrain n'augmentant pas d'étendue.

Dans cette position, les plus honnêtes font bien ce qui est indispensable, mais ils se bornent là ; tandis que s'ils avaient un bénéfice à la perfectionner, ils y mettraient tous leurs soins, tout le goût dont ils sont susceptibles ; ils font beaucoup de provins chaque année, dans les vignes qui en ont besoin ; parce que cet ouvrage leur est payé à part, et cependant il arrive que les places vides ne se remplissent pas ; c'est un fait que pas un propriétaire ne contestera.

Cela ne provient-il pas de l'usage pernicieux que je viens de signaler ?

On objectera peut-être, qu'à Margaux et dans les communes voisines, on ne compte que par millier de pieds, et qu'on y fait pas mieux qu'à Pauillac où l'on compte par journal : la réponse est facile. Il est vrai qu'on y règle tous les prix au millier de ceps, mais il est positif, que cette manière de se primer n'est que fictive.

Il doit y avoir 3,000 pieds dans un journal, 24,000

dans ce qu'on appelle un prix fait, à peu près huit journaux. On mesure l'étendue et l'on paye comme s'il n'y manquait pas un pied, quoique souvent il en manque un sixième ou un quart. On en est donc revenu par un abus à ne plus compter les pieds et à payer à la surface.

On devrait réformer cet usage, payer réellement les vignerons au millier, mais il faudrait pour cela les compter et c'est cette peine qu'on a éludé.

On ferait bien d'y revenir.

Ce serait de toute justice, pour le maître comme pour le vigneron, et l'avantage de l'un et de l'autre.

Le premier ne payerait pas pour 3,000 pieds quand il y en a beaucoup moins.

Le second recevrait une augmentation de prix, proportionné à son travail, et on ne verrait pas le vigneron qui laisse péricliter une vigne par sa négligence et ses fautes, gagner autant que celui qui améliore la sienne, par ses soins et son habileté et qui, par là, a augmenté son travail sans voir augmenter son salaire.

Je voudrais, par l'intérêt sincère que je porte aux vignerons des campagnes, que ce changement s'établît.

Pour plus de précision, je voudrais que les pieds à un seul bras ne comptassent que pour moitié d'un pied à deux bras; ainsi il faudrait 2,000 bras pour obtenir le prix d'un millier. Les provins étant payés à mesure qu'on les fait, ne devraient être comptés qu'à sa seconde année.

On objectera les difficultés d'exécution et les embarras que ce compte occasionnera. On aurait grand tort de s'en préoccuper; dans un petit vignoble ce sera toujours facile, et dans une grande exploitation, on pourrait laisser ce soin aux vignerons eux-mêmes. En vérifiant seulement le travail de l'un d'eux, on les tiendrait tous en éveil et ils compteraient certainement avec exactitude; alors cette vérification serait bien moins difficile qu'elle ne le paraît.

BORDEAUX. — IMPRIMERIE DE TH. LAFARGUE, LIBRAIRE.

www.ingramcontent.com/pod-product-compliance
Ingram Content Group UK Ltd.
Pitfield, Milton Keynes, MK11 3LW, UK
UKHW021013200726
13857UKWH00004B/1432